山西省黄土高原地区
综合治理规划研究

STUDY ON THE INTEGRATED MANAGEMENT PLANNING FOR THE LOESS PLATEAU REGION: SHANXI PROVINCE

王孟本 ◎ 主编

中国林业出版社

图书在版编目(CIP)数据

山西省黄土高原地区综合治理规划研究/王孟本主编.
北京:中国林业出版社,2009.4
ISBN 978-7-5038-5573-3

Ⅰ.山… Ⅱ.王… Ⅲ.黄土高原-综合治理-研究-山西省 Ⅳ.P942.250.74

中国版本图书馆 CIP 数据核字(2009)第 045000 号

出版 中国林业出版社(100009 北京西城区德内大街刘海胡同 7 号)
网址 http://www.cfph.com.cn 电话:(010)83224477-2028
E-mail:cfphz@public.bta.net.cn
发行 新华书店北京发行所
印刷 北京地质印刷厂
版次 2009 年 4 月第 1 版
印次 2009 年 4 月第 1 次
开本 787mm×1092mm 1/16
印数 1~600 册
印张 7.75
字数 137 千字
彩插 8 面
定价 35.00 元

本书编撰委员会

主　　编　王孟本

副 主 编　王野彬　杨大涛　秦志红　范晓辉

编写人员　（按姓氏笔画排序）

王孟本　王野彬　牛越仙　刘　桢

李翠平　张耦珠　范晓辉　杨大涛

武锦华　赵　富　秦志红　康鹏驹

统　　稿　王孟本　范晓辉

“山西省黄土高原地区综合治理规划研究”课题组

组　　长　王孟本

协 调 组　王野彬　康鹏驹　赵　富　武锦华

报告编写组　王孟本　杨大涛　秦志红　范晓辉

调研分析组　（按姓氏笔画排序）
王娜娜　王　琰　史建伟　李晓楠　刘　桢
陈建文　狄晓艳　武冬梅　范伟伟　俞艳霞

咨询专家组　（按姓氏笔画排序）
卫正新　牛越仙　李洪建　李新平　李翠平
张　峰　张　强　张藕珠

资料提供单位　山西省农业厅
山西省林业厅
山西省水利厅
山西省统计局
山西省气象信息中心
山西大学黄土高原研究所

前　　言

黄土高原地区在地域上包括黄土高原及与其毗邻的长城与阴山之间的河套地区。其界限为北至阴山，南达秦岭，西至日月山—贺兰山，东抵太行山。在行政范围上包括山西、陕西、甘肃、宁夏、青海、河南、内蒙古7省（自治区）的全部或部分，总面积约62万km^2。

黄土高原是世界上水土流失最严重的地区之一。其水土流失危害极大，不仅造成可利用土地面积缩小，土壤日益贫瘠化；且使黄河下游河床不断淤高，加大了洪水威胁。自古以来，为解决黄土高原水土流失问题，人们付出了很大努力。1949年建国以后，黄土高原地区的国土调查、研究和治理进入了一个崭新阶段。尤其是自20世纪70年代后期以来，国家在黄土高原地区陆续启动了一系列生态治理工程。经过将近60年的治理，在一定程度上改善了本区的农业生产条件和生态环境，减少了入黄泥沙。但由于黄土高原情况特殊，治理难度大，长期以来投入严重不足等原因，治理进展缓慢。

为了加快黄土高原地区综合治理，根据国务院要求，国家发展和改革委员会将会同农业部、国家林业局、水利部编制《黄土高原地区综合治理规划大纲》（以下简称《规划大纲》）。为此，2008年初国家发展和改革委员会、农业部、国家林业局和水利部向山西等7省（自治区）下发了《关于请报送黄土高原地区综合治理有关情况的通知》（发改办农经［2008］1808号）（以下简称《通知》）。《通知》要求各省（自治区）在2008年10月底前报送本省（自治区）黄土高原地区综合治理规划设想及其他相关材料。

根据《通知》要求，山西省发展和改革委员会同农业厅、林业厅、水利厅、山西大学黄土高原研究所等部门和单位，开展了山西省黄土高原地区综合治理规划研究工作。在对山西省国土综合治理工作进行广泛深入调研的基础上，参考50余年来诸多专家学者和管理人员对黄土高原地区综合治理进行科学研究和考察的丰硕成果，以及《全国生态环境建设规划》、《中华人民共和国国民经济和社会发展第十一个五年规划纲要》、《黄河近期重点治理开发规划》、《黄河流域防洪规划》、《全国农村沼气工程建设规划（2006～2010年）》、《三北防护林体系建设四期工程规划》、《全国防沙治沙规划（2005～2010年）》、《全国草原保护建设利用总体规划》、《长江上游黄河上中游地区天然林资源保护工程实施方案》、《京津风沙源治理工程规划（2001～2010年）》、《全国农村经济社会发展“十一五”规划》、《山西省国民经济和社会发展十一五规划纲要》、《雁门关生态畜牧经济区2001～2010年建设规划》等文献资料，进行深入细致地综合研究，完成了《山西省黄土高原地区综合治理规划设想》。

《山西省黄土高原地区综合治理规划设想》能够在比较短的时间内得以完成，全靠国家发展和改革委员会农村经济司与山西省发展和改革委员会农村经济处的大力支持，以及课题组全体成员的共同努力和各部门的通力合作。

本书是以《山西省黄土高原地区综合治理规划设想》为蓝本，经进一步充实修改而成。在本书出版之际，对各位同事和研究生所给与的诸多支持和帮助表示衷心感谢。

若本书能对随后正式编制山西省黄土高原地区综合治理规划有一定参考价值，对从事生态建设、生态规划及相关工作的各界人士有所裨益，我们将深感欣慰。鉴于书中的一些认识还是探索性的，有很多问题仍需深入研究。书中难免有遗漏、错误和不足之处，敬请读者指正。

王孟本

2008年12月于山西大学黄土高原研究所

目　　录

PREFACE

The Loess Plateau region of China is situated in the middle reaches of the Yellow River and bordered by the Yinshan Mountains in the north, extending southward to the Qinling Mountains, and by Riyue Mountain and Helan Mountain in the west, stretching eastward to Taihang Mountains. It encompasses all of Shanxi Province and Ningxia Hui Autonomous Region and parts of Shaanxi, Gansu, Qinghai, Henan Provinces and Inner Mogolia Autonomous Region, with an area of approximate 620,000 km^2.

The Loess Plateau is one of the 'hot-spots' of land degradation in the world. The soil erosion leads not only to land area reduction and soil impoverishment, but also to an increase of river bed height in the low reaches of Yellow River, which is 20 m above the surrounding land surface at present. The Chinese people have made great efforts to reduce the environmental problem from of old. Since the liberation of China in 1949, researches have been more intensive and extensive, especially since the late 1970's, a series of ecological construction projects have been financed by the Chinese Central Government. The agricultural and eco-environmental situations have been improved to some extent, and the sediment delivered to the Yellow River has decreased over the last six decades. However, the progress is quite slow due to the great complexity to combat soil erosion in this area, low investment and so forth.

To expedite the Loess Plateau region management, "The Outline of the Integrated Management for the Loess Plateau Region" will be compiled in the near future through the collaboration of National Development and Reform Commission (NDRC), Ministry of Agriculture, Ministry of Water Resources, and State Forestry Administration. For the purpose, the "Circular on Providing Basic Data for the Integrated Loess Plateau Region Management (No. 2008 - 1808)" was issued in the early 2008 by National Development and Reform Commission (NDRC), Ministry of Agriculture, Ministry of Water Resources and State Forestry Administration to all involved provinces (autonomous regions) including Shanxi Province. It was requested for each province (autonomous region) to hand in a preliminary plan by the end of October, 2008.

In response to this request, coordinated by the Development and Reform Commission of Shanxi Province, a multidisciplinary research team was set up, which consisted of over 20 members from the Development and Reform Commission, Department of Agriculture, Department of Water Resources and Department of Forestry, Shanxi Province, and Institute of Loess Plateau, Shanxi University. A study on the concerned issue at the provincial level was conducted. After an intensive and extensive investigation, "The Tentative Plan for the Integrated Management of the Loess Plateau Region: Shanxi Province" was drawn up, which resulted from references not only to many insightful articles and books published over the last 50 years, but also to "National Plan for the Eco-environmental Construction", "The Outline of the Eleventh Five-year Plan for National Economic & Social Development of the People's Republic of China", "The Keystone Plan for the Yellow River Management and Development in the Near Future", "The Flood Control Programming for the Yellow River Basin", "The Plan for National Rural Biogas Project Construction (2006 – 2010)", "The Plan for the Fourth-Phase Project of the Three-North Shelter Forest System Construction", "The Plan for National Desertification Prevention and Control (2005 – 2010)", "The Overall Plan For the Protection, Construction and Utilization of Grasslands of China", "The Implementing Scheme For Natural Forest Protection Project in the Upper Reaches of Yangtze River and Upper-Middle Reaches of Yellow River", "The Plan for the Project of Combating Desertification in the Wind/Sand Source Areas Affecting Beijing and Tianjin (2001 – 2010), "The Eleventh Five-Year Plan for National Rural Economic & Social Development", "The Outline of the Eleventh Five-Year Plan for the Economic & Social Development of Shanxi Province", "The Plan for the Economic Zone Construction of the Ecological Animal Husbandry around the Yanmen Pass in Shanxi Province (2001 – 2010)".

Thanks to the excellent and efficient support from the Department of Rural Economy of NDRC, the Section of Rural Economy of Development and Reform Commission of Shanxi Province, and all other members of the research team, the tentative plan could be worked out timely.

This book has been written based on the original version of the tentative plan. I am grateful to my colleague and graduate students for their tireless efforts in processing dada and compiling tables in every phase of the project. However any errors in this volume are mine.

I hope that this book will be helpful to foresters, hydrologists, land use planners and other natural resource managers and policy makers who use it. I would appreciate comments from readers pointing the errors out.

Wang Mengben
Institute of Loess Plateau
Shanxi University
Taiyuan, Shanxi, December 2008

CONTENTS

第1章
综述

1.1 黄土高原与黄土高原地区

1.1.1 黄土高原的地貌特征

黄土高原最具特色的自然特征是黄土地貌（见书末彩图“黄土高原黄土分布及厚度图”）。黄土是在草原和森林草原环境下形成的。黄土是大陆内部干旱地带的粉尘物质受西风带的传送，经风力搬运而沉积下来的粉砂岩。黄土高原是我国黄土的分布中心。区域四周受山脉环绕，西有贺兰山，北有阴山，东为太行山，南为秦岭。除若干山地高出黄土堆积面并覆有晚期黄土之外，黄土基本连续覆盖了第三系及其他古老岩层，形成塬、梁、峁不同的黄土地貌。境内若干近似南北走向的山脉把黄土高原分隔成3个亚区：①乌鞘岭与六盘山之间为西部亚区。黄土分布于山地斜坡、山间盆地及高阶地上，黄土的堆积面仍基本反映出基底地形的起伏。②六盘山与吕梁山之间为中部亚区，黄土连续覆盖，上覆于上新世红土上，填平了多数原始河谷和盆地，少数深切河谷底部见有基岩出露，黄土厚逾百米，地层完整。③吕梁山与太行山之间为东部亚区，山地和盆地地形对照明显，黄土覆于盆地边缘及河流阶地之上，有的盆地间的分水岭也披覆有薄层黄土，下伏上新世地层（刘东生等，1985）。

1.1.2 黄土高原的范围与面积

关于黄土高原的范围，各家意见不一。马乃喜（1987）认为，作为地貌单元的黄土高原，其范围是：西以日月山、乌鞘岭为界；东以太行山东麓深断裂带为界（包括豫西黄土丘陵区）；南以秦岭、伏牛山为界；北大体以长城为界。

作为典型黄土高原，一般公认是东起太行山西坡，西至乌鞘岭和日月山东坡，南抵秦岭北麓，北止于长城一线，其面积约 38 万 km^2(杨文治等，1992)。

1.1.3 黄土高原地区的范围与面积

“七五”期间，考虑到区域治理和经济开发的整体性，在组织综合考察和定位试验研究过程中，将黄土高原的北界扩展到阴山南麓，并称之为黄土高原地区。因此，黄土高原地区是指太行山以西、日月山—贺兰山以东、秦岭以北、阴山以南的广大国土，面积约 62 万 km^2(中国科学院黄土高原综合科学考察队，1992)(见书末彩图“黄土高原地区省界图”)。

1.2 黄土高原综合治理区划回顾

黄土高原综合治理区划属于自然区划。20 世纪后半叶起，我国的自然区划研究进入系统研究和全面发展期。20 世纪末至今，区划工作正步入综合区划研究阶段(郑度等，2005)。由于区划一般均针对一定的对象和目的，对象、目的不同，其原则、内容和指标体系等一般亦不一致。关于黄土高原综合治理区划的研究，就研究主体而言，可分专门研究与相关研究两类。第一类是以黄土高原为研究对象的区划研究(黄土高原水土流失综合治理科学讨论会方案组，1980；中国科学院黄土高原综合科学考察队，1992)，第二类是以全国或较大区域为研究对象，同时包含了黄土高原的区划研究(林超等，1954；罗开富，1954；黄秉维，1959，1965，1989；任美锷等，1961，1979，1992；赵松乔，1983；席承藩等，1984；侯学煜，1988；郑度等，1999；傅伯杰等，2001；封志明等，2006)。

1.2.1 1980 年的“黄土高原综合治理分区”方案

1980 年 3 月 29 日至 4 月 5 日，国家科学技术委员会、国家农业委员会和中国科学院在西安召开了“黄土高原水土流失综合治理科学讨论会”。会议期间，代表们就“黄土高原水土流失综合治理科学讨论会方案组”事先起草的“黄土高原综合治理分区”方案进行了讨论。会后部分专家对方案作了进一步修改。在随后编辑成册的《黄土高原水土流失综合治理科学讨论会资料汇编》(内部资料)中，刊登了有关“黄土高原综合治理分区”方案。该方案首先根据生物气候特征，将黄土高原划分为 4 个地带。同时根据各地带的地貌差异，并考虑社会经济条件，为了使综合治理方案切实可行，进一步将 4 个地带划分为 23 个区。并分别就各个地带及其综合治理区的范围、面积、人口、气候、土壤、地形、植被、主要问题、发展方向和治理措施等做了简述。具体分区方案如下：

1.2.1.1 风沙草原地带

西起贺兰山，北至阴山，东南以草原地带为界。包括鄂尔多斯高原，银川、河套平原及其西、北边缘石质山地。下分4个区，即石质山地区，河套、银川平原区，风蚀波状高原区，毛乌素沙漠区。

1.2.1.2 草原地带

北界风沙草原地带，南界东起山西五寨，西经陕西绥德、志丹、宁夏固原和甘肃会宁、兰州、民和等地一线。下分8个区，即永兰景靖低山区，屈吴—罗山断续山地区，定西、西吉干旱黄土丘陵区，海同固盐宽谷黄土丘陵区，环吴华志黄土丘陵区，绥米佳黄土塔状丘陵区、陕蒙沙盖黄土丘陵区，晋蒙宽谷丘陵区。

1.2.1.3 森林草原地带

本地带横跨黄土高原中南部，南界秦岭北坡，北界草原地带，西界甘肃石质高山区，东抵太行山。下分10个区，即甘南土石山区，陇中黄土丘陵区，土石山地区，甘陕黄土原区，黄龙、桥山梢林区，陕北晋西残塬丘陵区，汾渭盆地区，沁河流域土石山区，晋南豫西丘陵阶地区，伊洛、沁平原区。

1.2.1.4 森林地带

本地带位于黄土高原南部边缘，西起甘肃岷县、漳县，东至河南栾川、嵩县，地跨豫、陕、甘3省30多个县（市），包括秦岭北坡和东秦岭的崤山、熊耳山以及西秦岭的延伸部分露骨山、太白山等。本地带当时仅有1个区，即秦岭北坡林区。

1.2.2 1992年的“黄土高原地区综合治理开发分区图”

“七五”期间，通过对黄土高原地区的全面综合考察研究，编制了黄土高原地区综合治理开发分区图（图1－1）（中国科学院黄土高原综合科学考察队，1992）。在该分区图中，黄土高原地区被分为12个综合治理区，即Ⅰ豫西晋东南区，Ⅱ晋北大同区，Ⅲ汾渭谷地区，Ⅳ晋陕蒙接壤区，Ⅴ晋西陕北区，Ⅵ陇东陕北区，Ⅶ陇中宁南区，Ⅷ鄂尔多斯高原风沙区，Ⅸ内蒙古沿黄（河）

区，Ⅹ宁夏沿黄（河）区，Ⅺ兰州区，Ⅻ青东区。

1.2.3 国家2008分区方案

在国家发改办农经［2008］1808号文件的附件二“黄土高原地区综合治理研究报告”中，对黄土高原地区综合治理分区作了论述。将黄土高原地区划分为3大片6个综合治理区（简称“国家2008分区方案”）。具体分区方案如下（图1-2）：

Ⅰ黄土高塬沟壑和黄土丘陵沟壑区片

Ⅰa黄土高塬沟壑区

Ⅰb黄土丘陵沟壑区

Ⅱ河谷平原与土石山区片

Ⅱa河谷平原区

Ⅱb土石山区

Ⅲ风沙区片

Ⅲa沙地和沙漠区

Ⅲb农灌区

1.2.4 其他相关分区方案

任美锷等（1992）将全国分为9个自然区30个自然亚区71个自然小区。首先以热量和水分的地域组合特征为主要指标，并适当兼顾巨地貌结构型式，将全国分为东北区、华北区、华南区、西南区、内蒙古区、西北区和青藏区。同时以生物气候条件的地带性差异为主要依据，并适当兼顾地貌等非地带因素，将自然区划分为自然亚区。据此，将华北自然区划分为3个自然亚区，即辽东、山东低山丘陵亚区，华北平原亚区和黄土高原亚区。进而将黄土高原亚区分为5个自然小区，即陇西高原小区、陕北—陇东高原小区、渭河平原小区、山西高原小区和冀北山地小区。与此同时，根据地貌类型组合差异，将山西高原小区分为东部山地区、西部山地区和中部断陷盆地区。

傅伯杰等（2001）在综合分析我国生态环境特点的基础上，探讨了生态区划的原则和依据，建立了各级生态区单元划分的指标体系和命名系统，对我国生态环境进行了区域划分。将全国划分为3个生态大区，即东部湿润、半湿润生态大区，西北干旱、半干旱生态大区，青藏高原高寒生态大区。在此基础上，再逐级划分出13个生态地区（东部6个、西部4个、青藏高原3个）和57个生态区（东部35个、西部12个、青藏高原10个）。东部湿润、半湿润

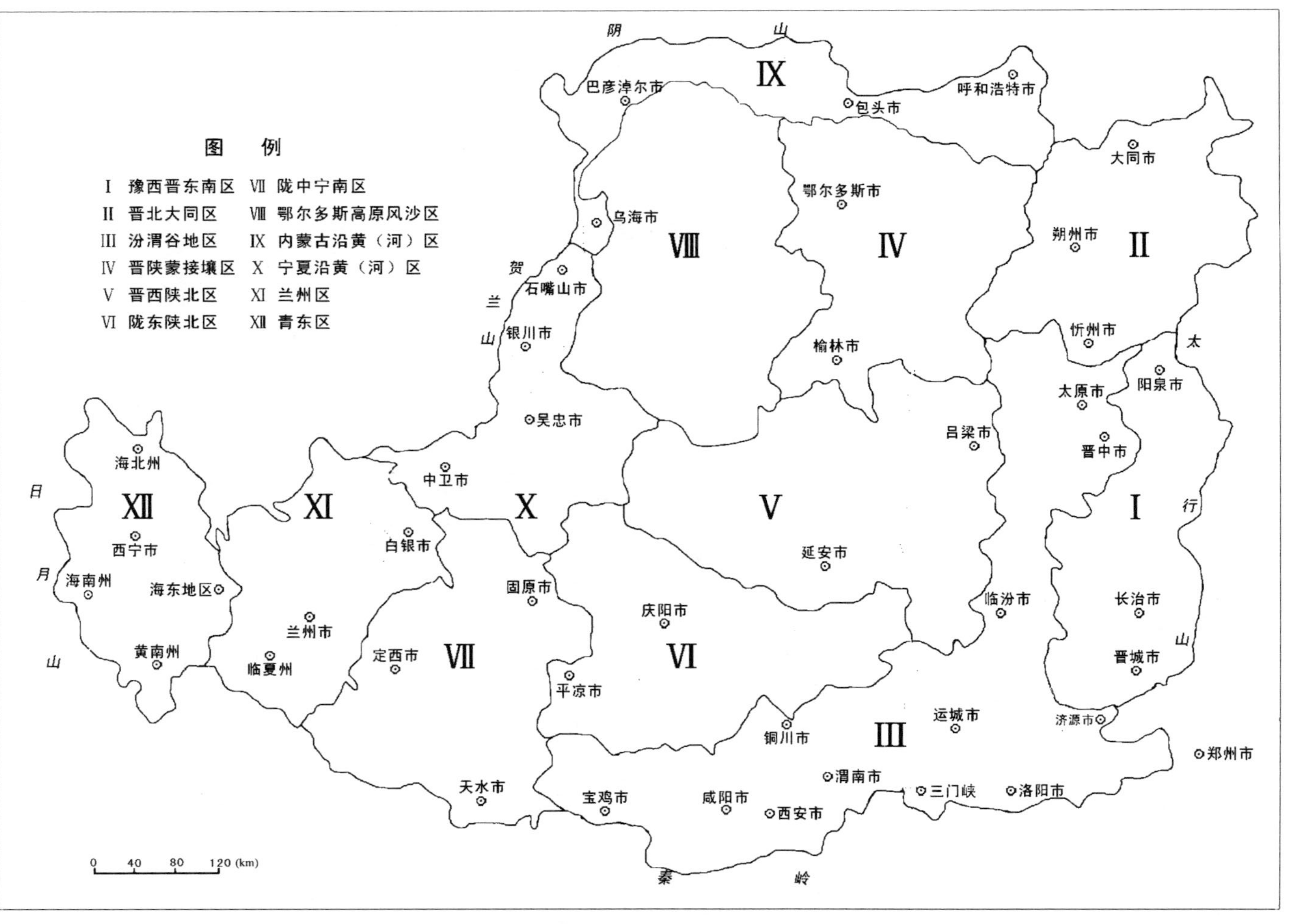

图1-1 黄土高原地区综合治理开发分区图

引自中国科学院黄土高原综合科学考察队(1992)《黄土高原地区资源环境社会经济数据集》

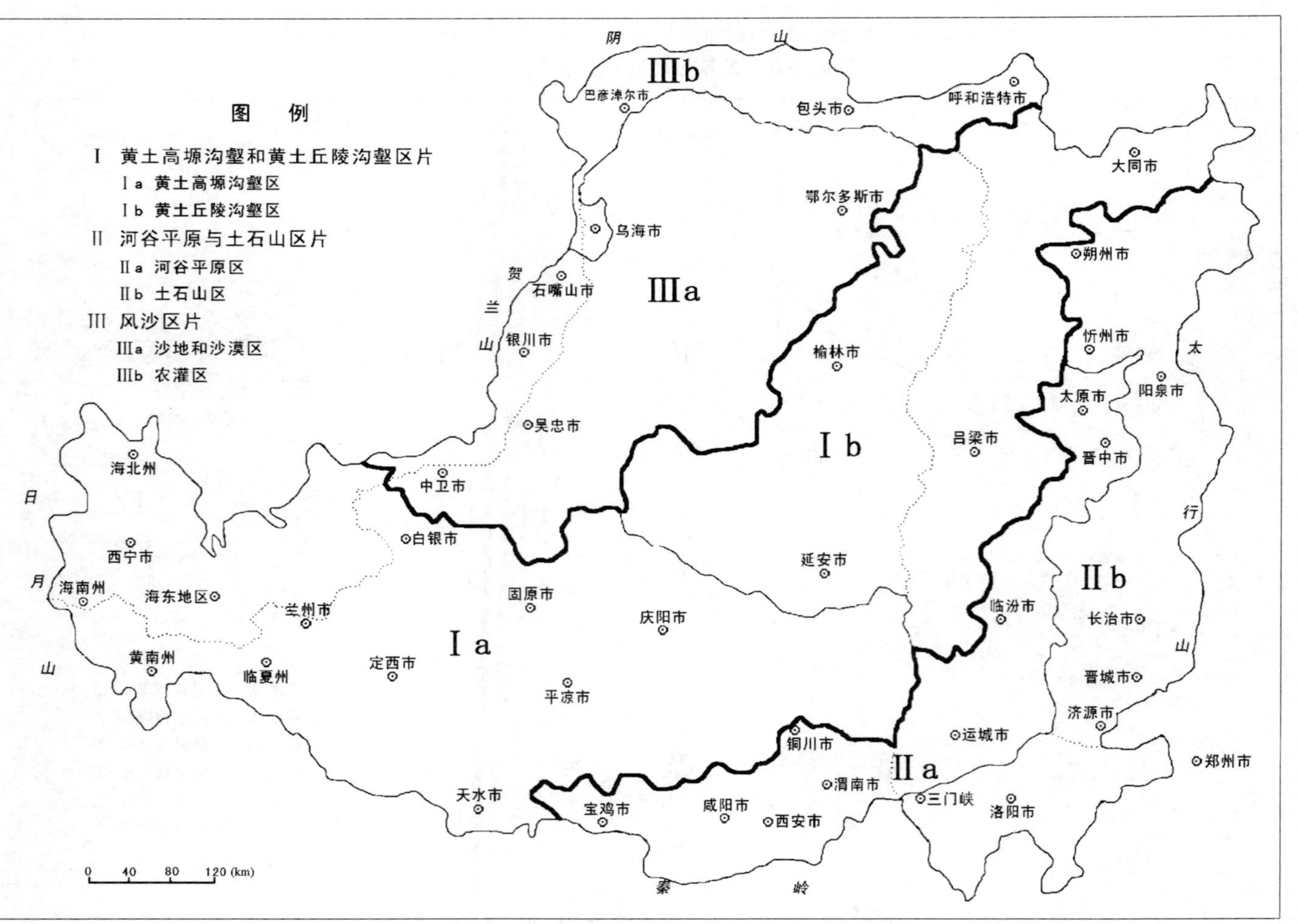

图1-2 黄土高原地区3大片6个综合治理区

根据国家发展和改革委员会、农业部、国家林业局和水利部联合颁发的发改办农经[2008]1808号文件附件二的有关文字信息绘制

生态大区之下的暖温带湿润、半湿润落叶阔叶林生态地区中包含了与黄土高原密切相关的3个生态区，即华北山地落叶阔叶林生态区、黄土高原水土流失敏感生态区、汾渭河谷农业生态区。

封志明等（2006）基于对我国国土资源地域分异特点及其开发利用现状和存在问题的认识，采取“自上而下”区域划分和“自下而上”区域合并相结合的方法，借助计算机技术、GIS空间分析等手段，确立了我国国土综合整治区划的初步框架。然后，根据控制我国宏观地势格局的自然、经济等界线以及县级行政区划的完整性，对其进行进一步的调整和优化，确定各区的地域界限，进而提出一个覆盖我国陆地和海洋，包括11个国土整治区和56个国土整治亚区的中国国土资源综合整治区划系统。11个国土整治区，即青藏高原区、西北干旱区、黄河中游区、川陕盆地区、云贵高原区、东北平原山地区、华北平原区、长江中下游区、江南丘陵山地区、华南沿海区、海洋区。其中的黄河中游区包含6个亚区，即陇西黄土高原亚区、河套平原亚区、鄂尔多斯高原沙地亚区、长城沿线黄土丘陵山地亚区、陕甘宁黄土高原丘陵沟壑亚区、汾渭谷地亚区。这6个亚区的整体范围与黄土高原地区范围基本吻合。

郑达贤等（2007）以江、河流域为基本单元，进行中国自然区划新方案尝试研究，把全国分为3个自然大区11个自然地区和63个自然区。3个自然大区，即西北干旱自然大区、青藏高原自然大区和东部自然大区。西北干旱自然大区包括2个地区，即西北温带、暖温带荒漠地区，西北区东部地区；青藏高原自然大区包括3个地区，即青藏高原西北地区、青藏高原东南地区、藏南地区；东部自然大区包括6个地区，即东北湿润、半湿润温带地区，华北辽南湿润半湿润暖温带地区，湿润亚热带北部自然地区，湿润亚热带中部自然地区，湿润亚热带南部地区，华南湿润热带地区。就黄土高原而言，涉及3个自然大区的3个地区（西北区东部地区、青藏高原东南地区、华北辽南湿润半湿润暖温带地区）和6个自然区（鄂尔多斯高原自然区，河套平原自然区，黄河源自然区，陇中宁南自然区，黄河中游自然区，海河流域自然区）。

以上这些代表性区划无论在理论上还是实践上都具有重要价值。尤其是1980年的“黄土高原综合治理分区”方案，充分注意方案的切实可行性，至今仍具有很强的实践指导价值。

1.3 山西省区划研究回顾

在国家的大背景下，山西省的区划研究工作基本上同步展开。相关研究大致分为两类，一是综合自然区划（褚清河等，1991；韩锦涛等，2008）；二是部门和专题区划（山西省气象档案馆，1990；窦永哲，1990；张峰等，1991；张雅文等，1994；米湘成等，1996；秦作栋等，1996；马子清等，2001；梁守伦，2002；谢爱红等，2004；韩锦涛等，2006；崔本义，2008）。

1.3.1 2005年的《生态林业区划》

李新平、朱兆金（2005）在对山西省林业生态工程建设布局进行研究时，提出了相应的生态林业区划方案。首先以生态系统功能和生态重要性为主要指标，并结合地貌类型划分一级区；同时以综合自然条件为主要指标（即综合考虑其地貌、气候等自然条件）划分二级区（亚区），将山西省分为4个区14个亚区：

Ⅰ晋北防风固沙防护林区

Ⅰ-01 大同盆地防风固沙林带林网亚区

Ⅰ-02 缓坡丘陵防风固沙防护林亚区

Ⅱ晋西黄土丘陵水土保持林区

Ⅱ-01 晋西北黄土丘陵防风保水防护林亚区

Ⅱ-02 晋西黄土丘陵沟壑水土保持林亚区

Ⅱ-03 晋西南黄土残垣护沟保塬防护林亚区

Ⅱ-04 吕梁山东侧浅山黄土丘陵水土保持林亚区

Ⅱ-05 吕梁山土石山水源涵养林亚区

Ⅲ中南部盆地农田防护林亚区

Ⅲ-01 忻太盆地农田防护林亚区

Ⅲ-02 晋南盆地农田防护林亚区

Ⅲ-03 晋东南及东部盆地农田防护林亚区

Ⅳ东部土石山区水源涵养林区

Ⅳ-01 恒山、五台山水源涵养林区

Ⅳ-02 中部土石山水源涵养林区

Ⅳ-03 浅山丘陵区水土保持林亚区

Ⅳ-04 太行山南部、中条山水源涵养林亚区

1.3.2 2008年的《山西省生态功能区划》

2008年9月山西省人民政府下发了关于印发山西省生态功能区划的通知。《山西省生态功能区划》正式面世。该区划将全省分为5个生态区15个生态亚区44个生态功能区。并就各个生态功能区的主要保护措施和发展方向进行了

简述。

在该区划中，生态区是以中国生态功能区划（三级）体系为基础，根据山西省的自然地理特点，尤其是植被水平地带性规律、典型生态系统、大的地貌单元格局和热量条件等来划分。生态亚区主要根据生态区中的生态系统类型的差异，并参考地貌单元，河流流域，热量、水分条件等生态环境特征划分。生态功能区主要根据不同生态系统服务功能的差异性、重要性、空间分布特征、受胁迫状况及生态环境敏感性，并参考行政区划等因素划分。具体分区系统如下：

Ⅰ晋北山地丘陵盆地温带半干旱草原生态区

ⅠA 晋西北山地丘陵灌木草原生态亚区

ⅠA－1 左右平台地风沙控制与林牧业生态功能区

ⅠA－2 洪涛山大同煤炭开发与生态保护生态功能区

ⅠA－3 黑驼山山地丘陵生态畜牧业与林业生态功能区

ⅠB 大同盆地农牧业生态亚区

ⅠB－1 大同城镇发展与盆地农林牧业及风沙控制生态功能区

ⅠB－2 朔平台地煤炭开发与风沙控制及农林牧业生态功能区

ⅠC 晋东北部山地丘陵灌木草原生态亚区

ⅠC－1 采凉山山地丘陵林牧业与水土保持生态功能区

ⅠC－2 天镇阳高盆地农林牧业及风沙控制生态功能区

ⅠC－3 丰稔山山地丘陵林牧业生态功能区

ⅠD 恒山山地丘陵森林草原生态亚区

ⅠD－1 恒山山地水源涵养与自然景观保护生态功能区

ⅠD－2 广灵山间盆地农牧业生态功能区

Ⅱ东部太行山山地丘陵暖温带落叶阔叶林灌草丛生态区

ⅡA 太行山山地丘陵落叶阔叶林与农林牧生态亚区

ⅡA－1 灵丘山地丘陵农林牧业生态功能区

ⅡA－2 五台山自然与文化遗产保护及水源涵养生态功能区

ⅡA－3 系舟山山地丘陵林牧业及旱作农业生态功能区

ⅡA－4 阳泉丘陵煤炭开发与生态保护及旱作农业生态功能区

ⅡA－5 和顺左权山地丘陵林农牧业生态功能区

ⅡA－6 太行山南部山地林牧业与生物多样性保护生态功能区

ⅡB 太岳山山地丘陵针阔叶混交林与农牧业生态亚区

ⅡB－1 太岳山水源涵养与生物多样性保护生态功能区

ⅡB－2　太岳山西部煤焦业开发与环境保护生态功能区

ⅡB－3　北浊漳河上游旱作农业与地质遗迹保护生态功能区

ⅡB－4　沁水河上游农林牧业与煤炭开发及水土保持生态功能区

ⅡB－5　古县浮山低山丘陵旱作农业与水土保持生态功能区

ⅡC　中条山山地丘陵落叶阔叶林生态亚区

ⅡC－1　中条山东部山地水源涵养与生物多样性保护生态功能区

ⅡC－2　中条山西部山地有色金属开发与生态环境保护生态功能区

ⅡC－3　中条山南麓黄土丘陵水土保持生态功能区

ⅡD　太行山太岳山山间盆地丘陵农业生态亚区

ⅡD－1　长治盆地北部丘陵潞安矿业开发与农业生态功能区

ⅡD－2　长治城镇发展与盆地农业生态功能区

ⅡD－3　晋城盆地及周边丘陵煤炭开发与生态保护及经济林生态功能区

Ⅲ　中部盆地农业生态区

ⅢA　滹沱河流域农业生态亚区

ⅢA－1　滹沱河上游农林牧业及风沙控制生态功能区

ⅢA－2　忻州城镇发展与盆地农林业生态功能区

ⅢB　汾河流域农业生态亚区

ⅢB－1　太原榆次城镇发展与城郊农业生态功能区

ⅢB－2　晋中盆地农业与人文景观保护生态功能区

ⅢB－3　临汾城镇发展与盆地粮棉农产品和林果业生态功能区

ⅢC　涑水河流域农业生态亚区

ⅢC－1　运城城镇发展与盆地棉麦果农产品和湿地保护生态功能区

ⅢC－2　峨眉台地旱作农业与水土保持生态功能区

Ⅳ　西部山地落叶针叶林与灌丛生态区

ⅣA　吕梁山山地落叶针叶林与灌丛生态亚区

ⅣA－1　管涔山汾河源头水源涵养与生物多样性保护生态功能区

ⅣA－2　关帝山水源涵养与生物多样性保护生态功能区

ⅣA－3　太原西山煤炭综合开发与生态环境保护生态功能区

ⅣA－4　灵石汾西低山丘陵旱作农业与生态环境保护生态功能区

ⅣA－5　吕梁山南部水源涵养与生物多样性保护生态功能区

ⅣB　吕梁山山间盆地黄土丘陵生态亚区

ⅣB－1　汾河上游水库调蓄与水土保持生态功能区

Ⅴ　晋西黄土丘陵生态区

ⅤA　晋西北部黄土丘陵温带半干旱灌木草原生态亚区

ⅤA－1　河保偏黄土丘陵农牧业与煤炭开发及水土保持生态功能区

ⅤA－2　神池五寨宽谷丘陵农林牧业与风沙控制生态功能区

ⅤB　晋西南部黄土丘陵暖温带落叶阔叶林灌丛生态亚区

ⅤB－1　晋西离柳煤焦业开发与农林牧业及水土保持生态功能区

ⅤB－2　晋西南部黄土塬农林牧业与水土保持生态功能区

1.3.3　2008年的《山西省林业发展区划》

根据国家林业局的有关通知要求，山西省林业调查规划设计院（2008）编制完成了《山西省林业发展区划》（内部资料）。根据《全国林业发展区划三级区划办法》和《山西省林业发展区划技术方案》，在全国一、二级分区的控制下，该区划将全省划分为19个三级区（图1－3）。

在该区划中，一级区为自然条件区，旨在反映对林业发展起到宏观控制作用的水热因子的地域分异规律，同时考虑地貌格局的影响。二级区为主导功能区，以区域生态需求、限制性自然条件和社会经济对林业发展的根本需求为依据，旨在反映不同区域林业主导功能类型的差异，体现森林功能的客观格局。三级区为布局区，包括林业生态功能布局和生产力布局。旨在反映不同区域林业生态产品、物质产品和生态文化产品生产力的差异性，并实现林业生态功能和生产力的区域落实。三级区划结果如下：

Ⅷ蒙宁青森林草原治理区

Ⅷ－02 锡林郭勒高原防护林区

Ⅷ－02－01 大同盆地防风固沙、环境保护重点治理区

Ⅲ华北暖温带落叶阔叶林保护发展区

Ⅲ－01 燕山长城沿线防护林区

Ⅲ－01－01 晋西北丘陵水土保持、防风固沙综合治理区

Ⅲ－01－02 桑干河防风固沙、水土保持综合治理区

Ⅲ－01－03 恒山土石山水源涵养、风景林区

Ⅲ－01－04 管涔土石山水源涵养、自然保护林区

Ⅲ－04 晋陕黄土高原防护经济林区

Ⅲ－04－01 晋西黄土丘陵沟壑水土保持、果树林区

Ⅲ－04－02 关帝土石山水源涵养、一般用材林区

Ⅲ－04－03 文孝盆地环境保护、木本粮油林区

图1-3　山西省林业发展区划二级区范围图

引自山西省林业调查规划设计院（2008）《山西省林业发展区划》（内部资料）

Ⅲ－04－04 昕水河丘陵水土保持、果树林区

Ⅲ－05 汾渭谷底防护经济林区

Ⅲ－05－01 太原盆地环境保护综合治理区

Ⅲ－05－02 霍山土石山水源涵养、一般用材林区

Ⅲ－05－03 晋南盆地环境保护、果树林区

Ⅲ－06 太行山伏牛山防护林区

Ⅲ－06－01 五台土石山水源涵养、风景林区

Ⅲ－06－02 忻定盆地环境保护、水土保持林区

Ⅲ－06－03 晋东土石山水源涵养、木本粮油林区

Ⅲ－06－04 太行土石山水源涵养、一般用材林区

Ⅲ－06－05 太岳土石水源涵养、风景林区

Ⅲ－06－06 晋东南盆地环境保护、果树林区

Ⅲ－06－07 中条土石山水源涵养、自然保护林区

以上两个区划，前者以生态系统保育和充分发挥生态系统服务功能为目的；后者以全面推进现代林业建设为目的。二者无论在理论上还是实践上都具有重要价值，将在山西省生态建设和林业建设等方面发挥积极作用。

1.4 区划工作存在的问题

①区划方式方法落后或不当。经典的区划方法包括“自上而下”和“自下而上”两种。区划方案一般是由专家个人或集体会商而定。随着科学技术的发展，区划技术手段也由简单的个人行为、专家会商、指标体系研究发展到地理信息系统的应用。然而，当前区划方案仍多由个别或少数专家通过会商而定。或仅冠之以新技术名称而已，或使用了新技术和新方法，但单纯定量化倾向明显，结果与实际出入较大。

②对区划成果的应用性重视不够，为区划而区划的实例屡见不鲜。

③未能将自然区划与经济区划很好结合。虽然一些区划涉及到了区域经济发展，但是在集成考虑自然与人文要素方面仍很不足，远不适应现代区域社会经济的发展。

④在区划方案的认定上，没有制度化的保障。由于区划方案不是通过一定程序而得到认可的法律性文件，因此不能很好地为政府的经济建设规划所吸纳，未能达到为社会经济可持续发展服务的预期目的。

1.5 黄土高原综合治理的理念、战略和对策综述

黄土高原水土流失防治已有悠久历史，尤其是50余年的综合治理实践，积累了丰富经验，也获得许多教训（张天曾，1993；孙建轩等，1998；张正斌等，1999；王礼先，1999；王文善，2000；范堆相，2000；刘兴昌等，2001；杨勤业等，2001；申元村等，2003a，2003b；陈伯让，2005；山仑等，2006；朱显谟，2006；党维勤，2007；Chen等，2007；刘国彬等，2008）。

由于黄土高原大面积高强度的水土流失是自然侵蚀叠加人为加速侵蚀的结果（张天曾，1993；申元村等，2003b；He等，2006）。黄土高原综合治理是一项十分艰巨的长期任务，只有坚持不懈，经过几十年时间、几代人的努力，才有可能使区域生态环境得到根本好转。应当尊重自然规律，有序、扎实推进黄土高原生态建设。治理水土流失的目标，第一步是通过合理利用环境资源，减轻乃至消除人为水土流失，第二步是通过加大治理力度，改善外部侵蚀环境（如抬高侵蚀基准面）削弱自然侵蚀力，达到减轻自然灾害的目的（申元村等；2003a，2003b）。

为了提高治理有效性，必须对各项综合治理工程进行科学规划和合理布置，优化工程结构和投资结构。流域治理应沟坡兼治，在坝系建设、植被建设和梯田建设上，应结合流域规模、自然特点、水土流失治理现状等，合理安排工程种类、数量与投资。

黄土高原地区综合治理应当以保障区域（包括本区和毗邻地区）生态安全和实现地区可持续发展为目标，以黄土丘陵区与风沙丘陵区为主，以粗泥沙集中来源区为重点；扩大生态修复规模，加快林草植被建设；加大淤地坝建设力度，加快实施坡改梯工程；建成高效节水灌溉农业体系和高效节水旱作农业体系。到21世纪中期，使人为水土流失和土地沙化扩展趋势得到遏制；在总体上实现生态良好，生产发展和生活富裕的目标。

1.6 数据来源与处理方法

本书的基础数据主要有4个来源：①从山西省119个县（市、区）收集的数据；②从农业厅、林业厅、水利厅收集到的数据；③山西省气象信息中心提供的山西省108个气象台站近30年（1978~2007年）的气象数据；④《山西统计年鉴——2008》（山西省统计局等，2008）中的有关数据。除了特别说明以外，书中的数据均以2007年底法定数据为准，无法定数据的以本次调查数

据为准。各个表格中的数据除说明出处外，均为本次调查所得数据。

为了统一口径，根据范堆相等（2005）使用的山西省和各地级市土地总面积数据以及《山西统计年鉴——2008》（山西省统计局等，2008）中的全省耕地总面积数据，采用平差法对有关数据作了校正。表格中的空格表示该项统计数据不详或无该项数据。

第 2 章

山西的基本情况

2.1 自然地理概况

山西因居太行山西侧而得名。山西地处黄河中游，黄土高原东部，北界长城与内蒙古自治区接壤，西隔黄河与陕西省相望，南抵黄河与河南省为邻，东依太行山与河南、河北两省毗连。疆界轮廓大致呈东北—西南斜向的平形四边形，介于 110°14′～114°33′E，34°34′～40°43′N，南北长 628km，东西宽 385km。全省总面积 156271km^2，约占黄土高原地区总面积的 24.38% 和全国土地总面积的 1.63%。

2.1.1 地貌

山西是一个被黄土广泛覆盖的山地型高原，属黄土高原的一部分，亦称“山西高原”。在全省 156271km^2 总土地面积中，山地 62486km^2，占全省总土地面积的 40%，丘陵 62961km^2，占全省总土地面积的 40.3%，平原 30814km^2，占全省总土地面积的 19.7%（刘耀宗等，1992）。

地貌格局与地壳表层构造的关系密切。山西在大地构造上称为山西台背斜，属中国地台区、华北台块内的一个隆起区（刘耀宗等，1992）。大致沿南北方向呈拱状隆起，由西向东逐渐昂起，中间局部陷落。境内地势由北而南，由西向东逐渐降低。地表坡度较大。除中、南部的几个盆地和谷地地势较低外，海拔大都在 1000m 以上，与其东侧海拔不足 100m 的华北大平原和西侧海拔仅 400～800m 的黄河大峡谷相比，呈强烈隆起态势。最高点为五台山主峰叶斗峰，海拔 3058m；最低点在垣曲县黄河谷地西阳河口，海拔仅约 180m，高差达2800m多。总观全貌，东侧太行山、西侧吕梁山纵贯南北，中部为一串呈“S”形的断陷盆地。

2.1.2 气候

山西省属于中温带和暖温带季风气候区，即具有温带大陆性气候。按干湿程度分类，大部分地区为半干旱气候，仅亚高山区及晋东南地区为半湿润气候。据山西省108个气象观测站近30年(1978～2007年)观测数据的统计结果(表2-1)，山西省年均气温9.8℃，各地年均气温介于4.2～14.2℃，自南向北递减。冬季山西省气温均在0℃以下，最冷月气温介于-22.0～-6.0℃，南北温差较大。夏季全省普遍高温，最热月(7月)气温介于21～26℃，南北温差小于冬季。

表2-1 山西省气候条件概况*

市名	年平均气温(℃)	年日照时数(h)	总辐射量(MJ·m^{-2})	年降水量(mm)	最大年降水量(mm)	最小年降水量(mm)	≥10℃积温(℃)	年无霜期(d)	年大风日数(d)	气象观测站(个)
全省	**9.8**	**2481.8**	**5053.0**	**470.1**	**1004.6**	**193.0**	**3481.2**	**183.3**	**10.4**	**108**
太原市	9.9	2435.2	4975.0	411.7	661.3	214.1	3507.8	188.7	9.1	7
大同市	6.1	2367.0	5376.9	345.5	701.6	226.7	2547.7	140.4	14.0	8
阳泉市	10.5	2628.2		511.0	816.4	259.6	3639.9	199.5	19.0	3
长治市	9.7	2422.0		534.6	973.8	279.3	3351.2	177.9	4.1	11
晋城市	10.7	2461.8		577.1	896.3	265.7	3547.4	190.6	9.3	5
朔州市	6.9	2777.1		383.5	683.0	213.6	2880.3	159.9	21.2	6
晋中市	9.6	2457.8		452.5	857.1	200.9	3398.9	175.9	8.1	11
运城市	13.3	2214.0		515.8	1004.6	206.1	4387.7	215.4	7.9	13
忻州市	7.7	2659.1		427.2	695.5	193.0	3030.4	159.4	13.7	14
临汾市	11.3	2305.9	4807.0	494.0	945.7	242.0	3835.2	197.3	5.9	17
吕梁市	9.3	2564.1		467.3	836.1	238.0	3324.8	186.0	11.9	13

*据山西省108个气象站近30年(1978～2007年)数据统计结果。总辐射量仅有大同、太原和侯马3个气象站数据。

山西省日温≥10℃的始现期由南向北逐渐推迟，南北相差约40d。日温≥10℃的终止期适反，由北向南逐渐推迟，北南相差约40d。日温≥10℃的持续天数则由南向北递减，最多约为210d，最少约为130d，相差约80d。日温≥10℃期间的积温在2300.2～4698.7℃，由南向北递减，后者不到前者的一半。

山西省无霜期在122.1～235.6d。无霜期由南到北、由平川到高山逐渐递减。

山西省年降水量在360.0～621.1mm，由东南向西北递减，由盆地向高山递增。降水的季节变化比较显著。夏季降水高度集中，约占全年总降水量的

50%～65%，越往北部夏季降水量所占的比例越大；冬季降水量最少，仅占全年的2%～3%；春季约占15%～20%；秋季略多于春季，为20%～30%。同时，降水量年际变幅较大，在193.0～1004.6mm，后者为前者的5.2倍，各地最大年降水量为最小年降水量的3.1～4.9倍。

日温≥0℃期间的降水量约占年降水量的95%；日温≥10℃期间的降水量约占年降水量的85%，其中夏季3个月的降水量约占全年降水量的60%。水热同期，对农业生产是一个很重要的有利因素。山西省降水量比西部黄土高原优越得多，但因地形复杂，高低不平，植被覆盖差，水土流失较为严重，自然降水的利用率受到很大影响。

山西省年日照时数在2066.6～2974.8h，基本上呈盆地少于山区，南部少于北部的趋势。但是作物生长期间(≥0℃)的日照时数表现为盆地多，山地少，大部分地区在1900～2000h。一年中，冬季日照时数最少，夏季最多，春秋季相当。优越的辐射条件，充足的日照时间，是山西省有利的气候条件之一。

根据30年气象数据[即年平均气温(℃)、年降水量(mm)和≥10℃年积温(℃)]，采用分层聚类法(即将数值标准化到最大值为1，选择平方欧氏距离、组间连接距离和树状图输出)进行山西省综合气候分区研究，可以把全省分成3个气候区9个气候亚区。具体结果如下：

Ⅰ 晋北寒冷干旱气候区

Ⅰ－01 晋西北寒冷干旱气候亚区

Ⅰ－02 大同盆地寒冷干旱气候亚区

Ⅰ－03 恒山、五台山寒冷干旱气候亚区

Ⅱ 晋中、晋东南温和半干旱气候区

Ⅱ－01 晋西黄河沿岸温和半干旱气候亚区

Ⅱ－02 太原盆地温和半干旱气候亚区

Ⅱ－03 阳泉盆地温和轻半干旱气候亚区

Ⅱ－04 晋东南温和轻半干旱气候亚区

Ⅲ 晋南温暖半干旱气候区

Ⅲ－01 晋南盆地温暖半干旱气候亚区

Ⅲ－02 中条山温暖轻半干旱气候亚区

(详见书末彩图“山西省综合气候分区图”)

2.1.3 土壤

根据山西省第二次土壤普查采用的土壤分类系统，全省有8个土纲10个亚纲 17 个土类 40 个亚类 127 个土属 351 个土种。按土类计，有褐土(49.8%；占总土地面积的百分比，下同)、栗褐土(15.22%)、粗骨土(11.73%)、黄绵土(6.24%)、潮土(5.52%)、石质土(4.96%)、棕壤(2.2%)、栗钙土(2.15%)、红黏土(1.0%)、山地草甸土(0.33%)、新积土(0.32%)、风沙土(0.25%)、盐土(0.18%)、水稻土(0.05%)、亚高山草甸土(0.03%)、火山灰土(0.01%)和沼泽土(0.01%)。

恒山以北的晋北地区，地带性土壤为栗钙土。在恒山以南、吕梁山以东的广大地区，其地带性土壤为褐土。褐土在该区广泛分布于各盆地的二级阶地及其以上的阶地、丘陵和低山地带，为山西省最主要的农业土壤。褐土带因纬度跨度较大，在中部和南部有所差异，可分为淡褐土和碳酸盐褐土两个亚类。中部的太原和忻定盆地，气候较干旱，淋溶作用较弱，为淡褐土；南部的晋南和晋东南一带为碳酸盐褐土。在吕梁山西部、内长城以南、昕水河以北，地带性土壤为栗褐土。该区南部侵蚀较轻，为栗褐土亚类分布区；北部缓坡丘陵为淡栗褐土亚类分布区。纵观全区，自南而北，土粒由细到粗，质地由壤土递变为砂土。

山西的土壤垂直带谱南北差异明显。例如，五台山阳坡土壤垂直带谱为：褐土性土(1400~1500m)、淋溶褐土(1500~1900m)、棕壤(1900~2500 m)、山地草甸土(2500~2700m)、亚高山草甸土(2700m 以上)。中条山东麓土壤垂直带谱为：褐土性土(400~1000m)、棕壤性土和淋溶褐土(1000~1400m)、棕壤(1400~2100m)、山地草原草甸土(2100m 以上)(刘耀宗等，1992)。

2.1.4　水资源

山西省位于黄河中游和海河上游，其中黄河流域面积 97138km^2，占全省土地总面积的 62.16%，海河流域面积 59133km^2，占全省土地总面积的 37.84%。共有集水面积大于 100km^2 的河流 240 多条。除自北向南流经山西省西部和西南部省境的黄河以外，集水面积在 3000km^2 以上的较大河流有 10 条，其中黄河流域 6 条，即三川河、昕水河、汾河、涑水河、沁河和丹河；海河流域 4 条，即桑干河、滹沱河、清漳河和浊漳河(范堆相等，2005)。

1956~2000 年全省多年平均水资源总量为 123.8 亿 m^3(折合产水深 79.2mm)，其中地表水 86.77 亿 m^3，地下水 86.35 亿 m^3(范堆相等，2005)。据本次调查结果，全省水资源总量为 127.97 亿 m^3，其中地表水 87.8 亿 m^3，地下水 90.5 亿 m^3。地下水资源可开采量为 52.2 亿 m^3(表 2-2)。

表 2－2　山西省水资源概况（2007 年）

地　名	水资源总量（万 m^3）	人均水量（m^3/人）	耕地平均水量（万 m^3/hm^2）	地表水年径流量（万 m^3）	地下水资源（万 m^3）	地下水资源可开采量（万 m^3）
全　省	**1279694**	**377.2**	**0.3374**	**877942**	**905087**	**522034**
太原市	53380	154.4	0.4377	21986	54360	36752
大同市	85058	269.2	0.2833	54689	64556	35402
阳泉市	43645	332.2	0.5976	52171	28218	28344
长治市	149860	458.4	0.4795	119197	92511	56519
晋城市	131688	592.3	0.6790	113153	89279	39420
朔州市	71269	466.9	0.2048	35652	64443	46311
晋中市	130568	419.9	0.3727	83529	78104	34052
运城市	133362	264.3	0.2519	58690	106590	66178
忻州市	198751	646.7	0.3223	115611	137483	63730
临汾市	152172	364.7	0.3371	132049	102569	81359
吕梁市	129941	363.4	0.2622	91215	86974	33967

2.1.5　植被

山西的原生植被已不存在，现有植被包括天然次生植被和人工植被。植被纬向水平分布，以恒山为界可分为两个植被带，即北部的温带草原地带和南部的暖温带落叶阔叶林地带（马子清等，2001；马晓勇等，2006a）。在温带草原地带，自然植被以针茅、蒿类和百里香等构成的群落为主。农作物以春小麦、莜麦和胡麻等为主，为一年一熟。在暖温带落叶阔叶林地带，由于地域广阔，南北水热状况和植被类型组合差异显著，可进一步划分为北暖温带落叶阔叶栎林亚地带和南暖温带落叶阔叶栎林亚地带。前者的地带性植被是以辽东栎林为代表的落叶阔叶林。其北部山地以白杄、青杄和华北落叶松（*Larix principis-ruprechtii*）组成的高中山寒温性针叶林为主，中山地段分布着一定面积的辽东栎林、油松林。其中南部山地辽东栎林分布较广，油松林为森林植被的优势群落之一，侧柏、白皮松在中低山也有一定分布。农作物以玉米、谷子、高粱等为主，为两年三熟，海拔较高的地方为一年一熟。后者的地带性植被是以栓皮栎林为代表的落叶阔叶林。辽东栎林、华山松林、油松林的分布亦较广泛。喜暖的灌丛、灌草丛和草丛植被亦常见于本亚地带。农作物以棉花、冬小麦、花生等为主，为一年两熟或两年三熟。

山地植被垂直带谱明显。北部山地海拔多在 2400m 以上，气候高寒，具有以耐寒的白杄、青杄和华北落叶松组成的中高山针叶林带。其植被垂直带自下而上（以芦芽山为例）依次为灌草丛及农田带—阔叶林带—针阔叶混交林带—

中高山针叶林带—亚高山灌丛带—亚高山草甸带。南部较为温暖，在2400m以下山地分布着油松、侧柏、华山松等组成的低中山针叶林，或与阔叶树种混交。植被垂直带自下而上(以中条山为例)依次为灌草丛及农田带—低中山针叶林带—低中山针阔叶混交林带—落叶阔叶林带—山地小叶杨林带—山地草甸带(马子清等，2001)。

山西的森林植被主要分布在中条山、太行山、太岳山、吕梁山、管涔山、五台山等山地。主要树种有油松、白皮松、青杄、白杄、华北落叶松、侧柏、杜松、华山松等针叶树种；辽东栎、栓皮栎、槲栎等落叶栎类，山杨、白桦、红桦、榆树等小叶落叶树种。在温带草原地带，森林植被以人工林为主，主要有小叶杨林、樟子松林、油松林和华北落叶松林等；个别山地有以杨树或桦树为优势树种的小片天然次生林(马晓勇等，2006b)。

2.2　社会经济状况

2.2.1　行政区划和人口

2007年，山西行政区划分为太原、大同、阳泉、长治、晋城、朔州、晋中、运城、忻州、临汾和吕梁11个地级市，119个县(市、区)(含市辖区)，有563个镇633个乡28167个村民委员会(表2-3)。

表2-3　山西省行政区划(2007)

全　省	地级市	县级市	市辖区	县	镇	乡	村民委员会	
	11	11	23	85	563	633	28167	
市　名	所辖县(市、区)名							
太原市	小店区	迎泽区	杏花岭区	尖草坪区	万柏林区	晋源区	清徐县	阳曲县
	娄烦县	古交市						
大同市	城　区	矿　区	南郊区	新荣区	阳高县	天镇县	广灵县	灵丘县
	浑源县	左云县	大同县					
阳泉市	城　区	矿　区	郊　区	平定县	盂　县			
长治市	城　区	郊　区	长治县	襄垣县	屯留县	平顺县	黎城县	壶关县
	长子县	武乡县	沁　县	沁源县	潞城市			
晋城市	城　区	沁水县	阳城县	陵川县	泽州县	高平市		
朔州市	朔城区	平鲁区	山阴县	应　县	右玉县	怀仁县		
晋中市	榆次区	榆社县	左权县	和顺县	昔阳县	寿阳县	太谷县	祁　县
	平遥县	灵石县	介休市					

（续）

全　省	地级市	县级市	市辖区	县	镇	乡	村民委员会	
	11	**11**	**23**	**85**	**563**	**633**	**28167**	
运城市	盐湖区	临猗县	万荣县	闻喜县	稷山县	新绛县	绛　县	垣曲县
	夏　县	平陆县	芮城县	永济市	河津市			
忻州市	忻府区	定襄县	五台县	代　县	繁峙县	宁武县	静乐县	神池县
	五寨县	岢岚县	河曲县	保德县	偏关县	原平市		
临汾市	尧都区	曲沃县	翼城县	襄汾县	洪洞县	古　县	安泽县	浮山县
	吉　县	乡宁县	大宁县	隰　县	永和县	蒲　县	汾西县	侯马市
	霍州市							
吕梁市	离石区	文水县	交城县	兴　县	临　县	柳林县	石楼县	岚　县
	方山县	中阳县	交口县	孝义市	汾阳市			

2007 年全省总人口 3392.58 万人。其中非农业人口 1493.75 万人，占总人口的 44.03%；农业人口 1898.83 万人，占总人口的 55.97%。全省农业劳动力 633.83 万人，占农村人口的 33.38%。其中劳动力转移人数 327.48 万人，占全省农业劳动力的 51.67%（表 2－4－1）。

表 2－4－1　山西省经济社会基本情况（2007 年）＊

市　名	总户数（户）	总人口（万人）	城　镇	农　村		
			城镇人口	农村人口	农业劳动力	劳动力转移人数
全　省	**10947231**	**3392.58**	**1493.75**	**1898.83**	**633.83**	**327.48**
太原市	981057	345.71	281.89	63.82	43.34	33.05
大同市	1109535	315.97	158.40	157.57	42.27	12.15
阳泉市	461217	131.37	75.38	55.99	23.96	13.55
长治市	974067	326.93	129.50	197.43	64.42	36.58
晋城市	700048	222.33	96.09	126.24	44.58	12.85
朔州市	544905	152.66	66.89	85.77	30.41	12.62
晋中市	1070933	310.93	129.33	181.60	50.66	28.69
运城市	1459870	504.60	170.96	333.64	134.28	36.55
忻州市	1086110	307.26	109.47	197.79	66.46	56.12
临汾市	1394180	417.22	151.70	265.52	85.15	42.23
吕梁市	1165309	357.60	124.14	233.46	48.30	43.09

＊农业劳动力和劳动力转移人数为本次调查数据，其余数据引自《山西统计年鉴——2008》（山西省统计局等，2008）。

2000～2007年，年人口增长量从24.13万降至18.03万；人口自然增长率从7.48‰降为5.33‰。1981～2007年人口平均自然增长率为1.2%，2000～2007年为0.6%。

山西省人口占全国总人口(132129万人)的2.57%，约占黄土高原地区人口(约1亿人)的1/3。

2.2.2　经济状况

2007年地区生产总值5522.9亿元，其中第一产业340.6亿元(6.2%)，第二产业3238.1亿元(58.6%)，第三产业1944.2亿元(35.2%)。人均地区生产总值16279元(表2-4-2)。在地区农业总产值中，农业产值64.7%，林业产值3.5%，牧业产值28.1%，渔业产值0.7%，农林牧渔服务业2.9%(山西省统计局等，2008)。

2007年全省财政总收入1200.5亿元，同口径比上年增长30.5%；城镇居民人均可支配收入11565.0元，比上年增长15.3%；城镇居民人均消费性支出8101.8元，增长13.0%。农村居民人均纯收入3680元，增长15.2%；农村居民人均生活消费支出2682.6元，增长19.1%(山西省统计局等，2008)。

1978～2007年，全省地区生产总值年均增长10.1%(山西省统计局等，2008)。与1978年相比，2007年财政总收入增长了61.25倍。2007年粮食总产达1007.1亿kg，为1978年的1.42倍(表2-5)。

表2-4-2　山西省经济社会基本情况(2007年)

市　名	地区生产总值(万元)	其　中			人均地区生产总值(元/人)	农民人均纯收入(元/人)
		第一产业	第二产业	第三产业		
全　省	**55228975**	**3405978**	**32380520**	**19442477**	**16279**	**3680**
太原市	12219934	230187	6619061	5370686	35348	4463
大同市	2231351	250232	978146	1002973	7062	3188
阳泉市	2576622	51692	1562386	962544	19613	2318
长治市	5367235	337672	3346839	1682724	16417	3998
晋城市	4199739	204005	2678498	1317236	18889	4376
朔州市	3275929	269323	2011648	994958	21460	4301
晋中市	4692258	407735	2583952	1700571	15091	4017
运城市	6325655	708161	3547305	2070189	12536	3545
忻州市	2617319	310634	1291928	1014757	8518	2703
临汾市	6714267	390960	4273985	2049322	16093	4244
吕梁市	5008666	245377	3486772	1276517	14006	3367

据《山西统计年鉴——2008》数据整理。

表2-5 山西省2007年与1978年人口、地区生产总值、粮食产量比较*

指 标	1978	2007	2007年为1978年倍数
年末总人口(万人)	2476.5	3392.6	1.37
地区生产总值(亿元)	88.0	5522.9	62.76
第一产业	18.2	340.6	18.71
第二产业	51.5	3238.1	62.88
第三产业	18.3	1944.2	106.24
人均地区生产总值(元/人)	365	16279.4	44.60
财政总收入(亿元)	19.6	1200.5	61.25
粮食产量(万t)	707.0	1007.1	1.42

*据《山西统计年鉴——2008》数据整理。

2.3 土地利用状况

2.3.1 土地资源

山西省土地总面积为15.6万km^2，其中耕地37931.91km^2，占24.3%；园地2996.23km^2，占1.9%；林地47284.90km^2，占30.4%；草地7976.50km^2，占5.2%；未利用地40836.81km^2，占26.3%；其他用地19244.65km^2，占11.9%。耕地、林地和未利用地所占比例较大(合计达81%)，其余各地类所占比例较小(合计为19%)(表2-6)。

表2-6 山西省土地利用现状(2007年)*

市 名	土地利用状况(km^2)							森林面积	森林覆盖率
	土地总面积	耕地面积	园地面积	林地面积	草地面积	未利用地面积	其 他	(万hm^2)	(%)
全 省	**156271**	**37931.91**	**2996.23**	**47284.90**	**7976.50**	**40836.81**	**19244.65**	**303.16**	**19.40**
太原市	6878	1219.68	226.47	2202.04	495.15	1920.79	813.87	8.87	13.08
大同市	14097	3002.31	109.57	3708.52	772.14	4586.82	1917.64	20.25	14.57
阳泉市	4517	730.36	68.54	1314.86	285.54	1690.51	427.19	4.59	10.31
长治市	13863	3125.23	210.57	3993.55	1070.01	3484.08	1979.56	32.10	23.48
晋城市	9349	1939.40	167.06	3922.95	421.75	1846.45	1051.39	32.66	35.43
朔州市	10656	3480.21	25.73	3072.00	683.67	2279.85	1114.54	12.79	12.18
晋中市	16347	3503.65	310.23	4168.79	464.42	6272.96	1626.95	24.93	15.47
运城市	14233	5294.12	1121.31	2949.46	292.66	2594.45	1981.00	33.80	24.08
忻州市	25143	6167.18	253.70	7151.45	1411.40	7642.26	2517.02	38.26	15.43
临汾市	20200	4513.74	366.15	6508.02	726.40	5148.12	2937.57	45.71	22.95
吕梁市	20988	4956.03	136.90	8293.26	1353.36	3370.52	2877.92	49.20	23.78

*本表数据是根据全省土地总面积为156271km^2，对各县(市、区)数据进行平差校正后的统计结果。以下同。

2.3.2 土地利用现状

与黄土高原地区其他省(自治区)一样，山西省土地利用结构一直比较复杂，各个部门所使用的数据历来不大一致。可喜的是目前正在进行第二次全国土地调查，土地利用结构不实不清的问题有希望在不远的将来基本得到解决。在此根据各有关部门所使用或提供的数据，就山西省的土地利用现状进行简要叙述。

2.3.2.1　林业用地现状

根据“山西省林业发展区划(2008)”中的山西省三级区划统计表中的数据，全省林业用地为847.94万hm^2，其中有林地为294.24万hm^2，疏林地为29.08万hm^2。灌木林地152.94万hm^2，未成林造林地131.85万hm^2，苗圃地9005万hm^2。尚有无立木林地12.62万hm^2，宜林地226.27万hm^2。全省森林覆盖率为19.4%。山西省仍然是全国森林资源较少的省份之一。

2.3.2.2　耕地利用现状

在总耕地面积中，常用耕地326万hm^2，临时性耕地53万hm^2(含25°以上坡耕地25.52万hm^2)；有效灌溉面积108.85万hm^2，占总耕地面积的28.7%(表2-7)。2007年，全省农作物播种面积365.3万hm^2。其中粮食作物302.8万hm^2，总产100.7亿kg，为山西省历史上第4个突破100亿kg的年份。2000~2007年，山西省粮食单产从2678kg/hm^2上升至3326kg/hm^2，增产24.2%(山西省统计局等，2008)。

表2-7　山西省耕地现状(2007年)

市名	耕地总面积(万hm^2)	其中										有效灌溉面积(万hm^2)
		5°以下	5~15°			15~25°			25°以上			
			小计	坡地	梯田	小计	坡地	梯田	小计	坡地	梯田	
全省	**379.3188**	**121.76**	**162.29**	**72.46**	**89.84**	**69.77**	**48.34**	**21.43**	**25.52**	**20.57**	**4.93**	**108.85**
太原市	12.1969	7.38	3.76	3.40	0.36	1.06	1.06					4.51
大同市	30.0229	7.46	18.52	6.13	12.39	3.43	3.22	0.21	0.61	0.55	0.06	10.62
阳泉市	7.3036	0.0019	4.24	4.24		2.77	2.77		0.30	0.30		0.79
长治市	31.2521	5.86	18.23	7.14	11.09	6.31	2.87	3.44	0.85	0.49	0.36	6.75
晋城市	19.3939	3.81	11.00	2.65	8.35	4.09	1.05	3.05	0.49	0.05	0.44	3.67
朔州市	34.8022	14.90	9.94	5.50	4.44	7.94	6.08	1.85	2.03	1.63	0.40	10.95
晋中市	35.0365	15.73	12.31	5.52	6.80	6.08	3.44	2.64	0.92	0.77	0.15	12.69
运城市	52.9412	31.11	14.83	2.89	11.94	4.86	2.55	2.31	2.14	1.25	0.89	28.93
忻州市	61.6717	9.68	31.26	18.27	12.99	12.75	10.66	2.09	7.98	6.59	1.38	8.79
临汾市	45.1374	14.86	22.20	6.43	15.77	6.38	3.64	2.74	1.70	1.08	0.62	12.07
吕梁市	49.5604	10.96	16.00	10.29	5.71	14.10	11.00	3.10	8.50	7.86	0.63	9.08

虽然山西省人均耕地面积($0.11hm^2$)略高于全国人均水平($0.09hm^2$)，但是坡耕地比例大，有效灌溉面积小(表2-7)。加之，全省耕地面积仍在减少(山西省统计局等，2008)，因采煤挖矿而破坏和占用土地资源的势头亦有增无减。

总之，大量耕地水土流失比较严重，优质高产耕地仍相当有限。积极开展矿业废弃地复垦和沟滩地治理，遏制耕地面积减少趋势，提高耕地生产力，持续保障山西省粮食安全的任务仍十分艰巨。

2.3.2.3 草场利用现状

全省现有草地$7976.50km^2$，占土地总面积的5.2%。2007年末大牲畜存栏152.4万头(匹)，其中牛110.9万头，马2.3万匹，驴20.4万头，骡18.8万头。猪422.4万头，羊746.4万只。与现存植被相比，各地均存在牲畜严重超载现象。

2.4 水资源利用状况

根据《山西统计年鉴——2008》(山西省统计局等，2008)数据，2006年全省水资源总量88.53亿m^3，地表水53.61亿m^3，地下水74.10亿m^3，重复计算量39.18亿m^3。年降水量746.68亿m^3。全省实际用水量59.29亿m^3。其中农田灌溉32.68亿m^3，工业15.38亿m^3，城镇生活5.88亿m^3，农村生活3.81亿m^3，林牧渔业1.54亿m^3。

2007年，全省有蓄引提水工程245处，开发利用地表水资源22.1亿m^3，有机井、基本井和土筒井86372眼，开发利用地下水资源36.4亿m^3(表2-8)。7座大型水库蓄水总量5.4亿m^3，比上年末增加1.6亿m^3。

但是，就总体而言，全省每年有2/3~3/4的地表水流出境外。各主要流域分区地表水开发利用率在25%~35%，均达不到低开发率的上限(40%)。地表水利用不足的原因，主要是缺乏调蓄汛期来水的水库工程。全省现有水库总数731座，占全国85000座的0.85%；总库容45亿m^2，仅占全国水库总库容的0.8%。

近年来，全省地下水年开采量已达约40亿m^3，地下水开采量约占总用水量的60%，连年超采造成地下水位大幅度下降。历年来因煤炭开采对地下水资源造成严重破坏。每年因煤炭开采破坏的水资源量高达十几亿立方米，直接导致煤矿周边水井报废、泉水断流。

表 2－8　山西省水资源利用现状(2007 年)

市　名	现有蓄引提水工程(处)	开发利用地表水资源(万 m^3)	机井、基本井、土筒井(眼)	开发利用地下水资源(万 m^3)	水资源开发利用总量(万 m^3)
全　省	**245**	**221071**	**86372**	**364013**	**595017**
太原市	11	19441	2806	40127	59568
大同市	30	15056	7788	38015	53071
阳泉市	1	13462	727	6101	19563
长治市	31	22223	7120	14569	38299
晋城市	11	11427	1350	18140	36765
朔州市	20	21543	6853	20541	42084
晋中市	19	13993	11141	45217	60439
运城市	34	29049	25302	85307	114355
忻州市	38	19027	7151	32374	51401
临汾市	33	34499	9520	33543	68042
吕梁市	17	21351	6614	30079	51430

2.5　水土流失状况

山西省是全国水土流失严重的区域之一。全省水土流失面积 10.8 万 km^2，占总土地面积的 69.05%。其中黄河流域水土流失面积 6.76 万 km^2，占黄河流域总面积的 69.4%；海河流域水土流失面积 4.04 万 km^2，占海河流域总面积的 68.3%。全省多年平均输沙量(悬移质)4.56 亿 t，平均输沙模数 3000t/km^2，最严重地区高达 2 万 t/km^2 以上。黄河流域输沙量为 3.66 亿 t，其中粒径大于 0.05mm 的粗沙达 1.7 亿 t，是粗沙主要来源地。海河流域多年平均输沙量 0.9 亿 t，平均输沙模数 1500～2000t/km^2，最严重地区高达 8000t/km^2 以上。

在全省水土流失土地总面积中，轻度水土流失面积 34215km^2，占 31.71%；中度水土流失面积 28123km^2，占 26.06%；强度水土流失面积 28163km^2，占 26.10%；极强度水土流失面积 7800km^2，占 7.23%；剧烈水土流失面积 9597km^2，占 8.89%(表 2－9)。全省 57 个贫困县(其中国家级贫困县 35 个)均集中在水土流失严重区，水土流失已成为制约经济社会发展的主要因素。

表 2-9　山西省水土流失状况（2007 年）

市　名	土地总面积（km^2）	水土流失面积（km^2）					
		合　计	轻　度*	中　度	强　度	极强度	剧　烈
全　省	**156271.00**	**107898.00**	**34215.02**	**28123.02**	**28163.00**	**7800.00**	**9597.01**
太原市	6878.00	4250.00	1313.00	2004.00	785.00	148.00	
大同市	14097.00	9793.00	2217.94	3281.80	4034.98	258.28	
阳泉市	4517.00	3042.00	1083.60	1343.82	614.58		
长治市	13863.00	10576.00	4021.32	3242.68	3312.00		
晋城市	9349.00	7145.00	4383.89	1907.98	853.13		
朔州市	10656.00	6319.00	2357.00	1559.00	1830.00	385.00	188.00
晋中市	16347.00	10225.00	4206.53	4055.61	1951.68	11.18	
运城市	14233.00	8352.00	2615.72	2312.18	2239.46	819.73	364.91
忻州市	25143.00	19131.00	5997.18	2902.74	5435.38	3147.08	1648.62
临汾市	20200.00	14374.00	3779.91	3453.29	3484.56	1161.80	2494.44
吕梁市	20988.00	14691.00	2238.93	2059.92	3622.23	1868.93	4901.04

* 根据侵蚀模数[t/(km^2·a)]大小，轻度侵蚀 <1000 t/(km^2·a)；中度侵蚀为 1000～5000 t/(km^2·a)；强度侵蚀为 5000～8000 t/(km^2·a)；极强度侵蚀为 8000～15000 t/(km^2·a)；剧烈侵蚀 >15000t/(km^2·a)。

第 3 章

加速推进综合治理的必要性和紧迫性

3.1 存在的主要生态问题

3.1.1 水土流失严重

山西是全国水土流失面积大、分布广、危害最严重的地区之一。目前水土流失面积约达全省土地总面积的 70%。其中中度以上水土流失面积达 68.3%。全省 119 个县(市、区)几乎都存在水土流失问题，尤以晋西、晋西北各县(市、区)最为严重，其输沙量约占全省输沙总量的 63%。

全省多年平均输沙量 4.56 亿 t。其中黄河流域输沙量 3.66 亿 t，占年入黄河泥沙量的 1/4 以上。

3.1.2 土地沙化严重

全省沙化土地面积 1741km^2。在晋北和晋西北，气候干旱，植被稀少，大风天气较多，大同、朔州和忻州 3 市 23 个县的沙化土地面积达 1439.3km^2，占全省沙化土地面积的 82.65%。按沙化程度计算，轻度沙化面积 1010.2km^2，占 70.2%，中度沙化面积 267.1km^2，占 18.6%，重度沙化面积 154.2km^2，占 10.7%，极重度沙化面积 7.8km^2，占 0.5%。按沙化类型计算，半固定沙地 159.0km^2，占 11.0%；固定沙地 957.9km^2，占 66.6%；露沙地 20.4km^2，占 1.4%；沙化耕地 234.0km^2，占 16.3%；风蚀劣地 63.3km^2，占 4.4%(表 3-1)。

3.1.3 水资源短缺

山西省为全国最严重的缺水省份之一，按全省水资源总量 127.97 亿 m^3 计算，人均水资源377.2m^3，仅为全国平均水平（2240m^3）的16.9%，远低于国际公认的人均1000m^3的严重缺水界限。耕地水资源占有量为3374m^3/hm^2，仅为全国平均水平（28320m^3）的11.9%。部分县（市、区）地下水严重超采。

与此同时，随着煤、焦、铁等资源型产业快速发展，耕地、水、植被等资源又遭到一定程度的破坏或污染，更加剧了生态环境的恶化。尤其是采煤造成土地塌陷，地下水疏漏和大量土地被煤矸石堆积压占。面对不断增长的人口，日益加剧的经济社会活动和快速推进的工业化、城镇化进程，可持续发展的压力越来越大，任务越来越重，生态建设任重而道远。

表3-1　山西省沙化土地现状（2007年）*

市　名	县(市、区)数(个)	土地总面积(km^2)	沙化面积占总面积(%)	沙化土地面积(km^2)											有明显沙化趋势的土地	占土地总面积(%)
				合　计	按沙化程度				按沙化类型							
					轻度	中度	重度	极重度	半固定沙地(丘)	固定沙地(丘)	露沙地	沙化耕地	非生物治沙工程地	风蚀劣地		
合　计	23	37978.3	3.79	1439.3	1010.2	267.1	154.2	7.8	159.0	957.9	20.4	234.0	4.7	63.3	125.2	0.33
大同市	9	14097.0	3.57	503.6	271.5	113.3	111.0	7.8	60.3	261.8	8.4	105.1	4.7	63.3	56.7	0.40
朔州市	6	10656.0	4.29	456.8	426.4	29.6	0.8		0.8	328.7		127.3			2.0	0.02
忻州市	8	13225.3	3.62	478.9	312.3	124.2	42.4		97.9	367.4	12.0	1.6			66.5	0.50

*此表仅列出了土地沙化比较严重的3市23县（市区）的有关数据。

3.2　产生的主要危害

3.2.1　对国土生态安全构成了威胁

晋西沿黄区水土流失严重，使下游河床呈逐年抬高态势，威胁下游地区经济和社会发展。晋北土地沙化蔓延对北京及周边地区的生态安全亦构成了威胁。

3.2.2　严重制约区域经济和社会的发展

由于风蚀、水蚀的强力作用，耕地中土壤有机质及氮、磷、钾等营养成分严重损失，土地生产力衰退，成为制约经济、社会可持续发展的重大障碍。

3.3　生态建设现状

近30年来，国家逐步加大了对黄土高原的治理力度。特别是进入新世纪以来，随着综合国力的不断增强，国家启动实施了一系列重大生态工程项目。

历年来国家在山西实施的项目主要有：天然林资源保护工程、退耕还林工程、京津风沙源治理工程、三北防护林体系建设工程、保护性耕作试验示范项目、黄土高原地区水土保持淤地坝建设工程、国家水土保持重点试点工程、21 世纪首都水资源可持续利用规划水土保持项目、晋陕蒙砒砂岩区沙棘生态工程、联合国 IFAD 和 WFP 山西晋北农业综合开发项目等等。与此同时，山西省政府亦十分重视生态建设工作，列出专项资金实施了汾河上游水土保持综合治理、雁门关生态畜牧经济区建设等综合治理项目。

3.3.1 国家在山西的主要生态建设工程

3.3.1.1 天然林资源保护工程(2000 ~2010 年)

山西省黄河上中游天然林资源保护区属于国家级部分，工程实施范围包括 9 市 72 个县(市、区)及 6 个省直林区，总面积 1034.9 万 hm^2，占全省国土面积的 60%。非黄河流域天然林资源保护工程属于省级部分，范围包括 8 市 43 县(市、区)及 2 个省直林区，总面积 535.5 万 hm^2，其中林业用地面积 274.3 万 hm^2。

山西省天然林资源保护已取得一定的进展和阶段性成效。工程区整体实现了封锯停伐，年森林资源采伐消耗量由 1997 年的 63.8 万 m^3 锐减为零，省直林区森林经营实现了由以采伐利用为主向以保护培育为主的历史性转变；县域内三级管护网络基本形成，238.1 万 hm^2 森林资源得到休养生息和有效管护，区域森林生态环境明显恢复；经济结构调整取得实质性进展，国营林区“一木独撑”的传统经济体制被打破，民营经济开始活跃，天保工程对区域经济的贡献率明显提高。

3.3.1.2 退耕还林工程(2000 ~2007 年)

山西项目区涉及全省 11 个市 113 个县 1104 个乡(镇)的 13908 个行政村。截止 2007 年底，山西省累计完成国家下达任务 137.8 万 hm^2，其中退耕还林 46.3 万 hm^2，宜林荒山荒地造林 87.5 万 hm^2，封山育林 4 万 hm^2。按植被类型划分，生态林 133.4 万 hm^2，经济林 4.4 万 hm^2；草地 473hm^2。其中在 25°以上坡耕地还林 15.4 万 hm^2，占 33.4%；16°到 25°的坡耕地还林 18.6 万 hm^2，占 40.0%；15°以下的坡耕地还林 12.2 万 hm^2，占 26.4%。其中严重沙化耕地还林 6.6 万 hm^2。

通过退耕还林工程的实施，工程区的林草植被得到了恢复和改善，严重的水土流失和风沙危害得到有效缓解，加快了林业自身发展，同时也促进了农业生产结构优化，增加了农民收入，取得了显著的生态、经济和社会效益。

3.3.1.3　京津风沙源治理工程(2001～2010年)

山西项目区涉及大同、朔州、忻州3市的13个县(市、区)及2个国有林局。总土地面积205.8万hm^2，其中沙化土地面积120万hm^2，占58.3%。山西项目区的规划治理总面积为129.4万hm^2，其中：林业项目74.4万hm^2，草地项目16.9万hm^2，棚圈建设204.3万m^2，饲料机械41790台，小流域治理3805km^2，配套水利设施116952处，生态移民25000人。

截至2007年，完成治理任务77.5万hm^2，占计划任务的99.9%。目前已建成666.7hm^2以上集中连片的治沙造林工程130多处，其中3333.3hm^2以上重点工程30余处，6666.7hm^2以上大规模工程8处。已在桑干河流域、大运高速公路两侧、滹沱河沿岸等地建成了晋北风沙区防风固沙体系的基本骨架。特别是沿大同、阳高、天镇等县通往北京的主要风沙道和京大高速公路两侧已建成近6.7万hm^2防风防沙生态屏障。项目区林草覆盖率大幅度提高，有效遏制了地表起沙，周边地区风沙危害明显减少。

3.3.1.4　三北防护林体系建设工程(1978～2050年)

山西项目区涉及6市44县(市、区)和山西省杨树丰产林实验局，总面积611.4万hm^2，占全省国土总面积的40%。整个工程规划期从1978年到2050年，分3个阶段、八期工程进行建设。第四期工程期限为十年(2001～2010年)。山西省超额完成了第一、二、三期工程建设任务，实际累计完成造林176.8万hm^2，占规划任务159.2万hm^2的111%。实施工程地区的干旱、水土流失、风沙危害及干热风、霜冻、冰雹等灾害得到明显遏制和减少。据统计，昕水河流域7县的人均收入已由1978年的580元上升到2100元，有些县的林业收入占到总收入的50%以上。

3.3.1.5　保护性耕作试验示范项目(2001年始)

山西省11个市的13个县(市、区)承担了国家级保护性耕作示范项目，73个县(市、区)承担了省级保护性耕作示范项目。共涉及293乡镇、1091行政村、118.8万人口。截至2006年底，全省国家级项目县和省级项目县实施保护性耕作总面积已达37.2万hm^2。项目区增产粮食达到1.83亿kg，节约生产成本1.33亿元，总节本增收达到3.6亿元。据测算，每年可减少表土流失668.4万t，减少流失有机质13368万kg、全氮334万kg、全磷1003万kg、全钾

13368 万 kg。加之项目区每年有 248 万 t 秸秆直接还田，可使土壤有机质每年增加 0.03% ~0.05%。不仅减少了环境污染，而且增加了土壤肥力，改善了农业生态环境。实施机械化保护性耕作，大大提高了项目区机械化作业水平，减少了劳动力投入，促进了劳动力转移和农业产业结构调整。

3.3.1.6　黄土高原淤地坝工程(2003 年始)

截至 2007 年底，山西省已有 37 条小流域坝系工程被列入建设计划，范围涉及 7 市 28 县。共安排淤地坝工程 1293 座，其中骨干坝 286 座、中型淤地坝 397 座、小型淤地坝 610 座。已完成 1131 座淤地坝建设任务，其中骨干坝 241 座、中型坝 355 座、小型坝 535 座。共完成工程量 3649 万 m^3，其中土方 3595 万 m^3，石方 53 万 m^3，混凝土 8927 m^3。工程建成后可控制水土流失面积 1325.61km^2，增加拦截泥沙能力 17979.32 万 m^3，可淤地 3200hm^2。

3.3.1.7　国家水土保持重点建设工程

山西省 2003 ~2007 年工程共 6 个项目区，即阳泉市桃河流域的阳西(阳泉市郊区)、固企河(平定县)、阴山河(盂县)3 个项目区，以及吕梁市湫水河流域的贺家会(兴县)、白文(临县)、北山(柳林县)3 个项目区。所涉及的 51 个小流域，其总面积 1615km^2，其中水土流失面积 1185km^2；总人口 17.55 万人。通过项目实施，累计完成水土流失综合治理面积 668km^2，其中建设基本农田 3200hm^2，营造水保林 3067hm^2、经济果树林 5400hm^2，种草 1400hm^2，封禁治理 27267hm^2，建设谷坊和小型淤地坝 807 座、旱井 472 眼。年土壤侵蚀总量由 896 万 t 减少到 399 万 t，减少 55.5%；林草覆盖率由治理前的 14.2% 提高到治理后的 47.6%；项目区生态环境得到有效保护和改善，农民人均粮食增长了 40%；人均纯收入提高了 64%。

3.3.1.8　21 世纪首都水资源可持续利用规划水土保持项目

该项目从 2001 年开始实施，涉及朔州市、大同市 11 个县(区)。经过 5 年的综合治理，共完成投资 28204 万元，治理水土流失面积 146625hm^2。其中：基本农田 3821.7hm^2，经济林 957.6hm^2，乔木林 9060.5hm^2，灌木林 37939.3hm^2，混交林 768.1hm^2，种草 2692.8hm^2，封禁治理 90871.5hm^2，拦沙坝 18 座，土谷坊 2202 座，石谷坊 512 座，沟头防护 629.3km，苗圃 169hm^2，简易道路 878.7km，道路绿化 414.9km，标志牌 50 处，护地坝 74755m，滩地改良 85.3hm^2，垫滩造地 259.4hm^2，水井 10 眼，人字闸 1 座，

拦沙截流坝5座。

通过治理，流域的生态经济状况明显改善。一是生态环境得到明显改善。流域内90%以上的宜林宜草面积得到了绿化，林草覆盖率达到了51.5%。二是水土流失得到初步遏制。五个项目流域内新增治理度70.6%，减沙率达到70%以上，沟道和坡面综合治理的缓洪拦沙效益得到了充分发挥，有效地减少了泥沙下泄。另外，封山禁牧措施使由人为破坏引起的水土流失基本得到控制。三是灾害逐年减少。通过修建护地坝工程，有效地减少了洪水对村庄、农田的破坏。四是社会经济效益明显。生态环境和农业生产条件的改善对农业增产，农民增收，快速调整农业化结构起到了积极的推动作用。

3.3.1.9 晋陕蒙砒砂岩区沙棘生态工程(1998年始)

项目初期山西省忻州市的偏关、五寨、岢岚、神池4县被列入该工程范围。项目实行“国家+企业+农户”的管理体制。目前项目实施已取得明显成效。一是有效控制了水土流失，二是促进了农民增收，三是改善了农业生产条件。

3.3.1.10 联合国IFAD和WFP山西晋北农业综合开发项目(2002年始)

山西晋北农业综合开发项目是山西省利用联合国国际农业发展基金会(IFAD)特别优惠贷款和联合国世界粮食计划署(WFP)无偿粮食援助实施的农业综合发展项目。项目区涉及山西省忻州和大同两市7个国家重点扶持贫困县(即繁峙、广灵、静乐、灵丘、宁武、五台和五寨7县)的68个乡镇1257个行政村的约53万贫困人口。项目主要建设内容包括作物发展、灌溉和土地改良、草地与畜牧、林业发展、农村金融服务、人畜饮水等。

截至2007年底，项目累计完成投资约19327万元。项目区的生产、生存条件得到明显改善，农业综合生产能力进一步提高。各种项目活动已经覆盖1257个行政村196064个农户676794人直接从项目活动中受益。

通过兴修水利和改造中低产田等措施，粮食平均亩产提高30%以上，对保证项目区农民粮食安全起到了积极的作用。通过草地维护和人工种草，促进了当地农民发展养殖业的积极性。养羊、养牛专业户增加。饲养方式由过去的牧坡散养逐步过渡到了舍饲养殖，保护了草地资源、改善了生态环境，奠定了良性发展基础。通过林业项目的实施减少了项目区水土流失，改善了生态环境，同时也为项目区农民脱贫致富铺平了道路。通过完善农业技术服务体系，项目区的农作物良种基本得到了普及，先进实用的农业技术得到了大面积的推广。

除了以上各项工程之外，国家还在山西实施了旱作节水农业示范基地建设、易地扶贫、耕地整理、饮水安全、沼气建设和以工代赈等工程。据统计，截至 2007 年末，在全省 11 个市，天然林资源保护工程累计完成投资 2.5 亿元（表 3－3）、退耕还林工程累计完成投资 34.4 亿元（表 3－4）、京津风沙源治理工程累计完成投资 18.5 亿元（表 3－5），三北防护林体系建设工程累计完成投资 4.0 亿元（表 3－6）、水土保持工程累计完成投资 15.3 亿元（表 3－4），淤地坝工程累计完成投资 4.6 亿元（表 3－7）、晋陕蒙砒砂岩沙棘生态工程累计完成投资 0.1 亿元（表 3－6）。旱作节水农业示范基地建设、易地扶贫和耕地整理工程分别完成投资 4.0 亿元、13.1 亿元和 6.4 亿元（表 3－8）；饮水安全、沼气建设和以工代赈工程分别完成投资 19.2 亿元、13.4 亿元和 26.6 亿元（表 3－9）。在省直国有林局，天然林资源保护、三北防护林体系建设和退耕还林工程分别累计完成投资 2.6 亿元、0.4 亿元和 0.1 亿元。国家在山西实施的各项工程建设的总投资为 169.4 亿元，其中中央投资 118.9 亿元，占 70.17%，地方投资 50.3 亿元，占 29.69%，其他投资 2455 万元，占 0.14%（表 3－2）。

表 3－2　国家在山西省实施的生态工程建设投资（至 2007 年末）*

市　名	投资总计（万元）	中央投资（万元）	地方投资（万元）	其他投资（万元）
全　省	**1694241.00**	**1188783.22**	**503002.78**	**2455.00**
太原市	95601.08	69783.19	25817.89	
大同市	145405.03	118483.31	26921.72	
阳泉市	30822.25	19454.90	10425.35	942.00
长治市	107834.07	70339.10	37494.97	
晋城市	49249.98	21074.99	28174.99	
朔州市	119728.15	96678.76	21536.39	1513.00
晋中市	139729.84	88684.07	51045.77	
运城市	128187.68	77230.51	50957.17	
忻州市	403515.48	295042.82	108472.66	
临汾市	157451.84	100205.17	57246.67	
吕梁市	285961.40	206932.20	79029.20	
省直林区	30754.20	24874.20	5880.00	

* 本表统计数据除包含天然林资源保护工程、退耕还林工程、京津风沙源治理工程、三北防护林体系建设工程、淤地坝工程、晋陕蒙砒砂岩沙棘生态工程、水土保持工程之外，且包括旱作节水农业示范基地建设、易地扶贫、耕地整理、饮水安全、沼气建设和以工代赈等工程。

表 3－3　天然林资源保护工程建设投资(至 2007 年末)

市　名	投资合计（万元）	人工造林			封山育林			飞播造林			其　他	
		规模（万 hm^2）	中央投资（万元）	地方投资（万元）	规模（万 hm^2）	中央投资（万元）	地方投资（万元）	规模（万 hm^2）	中央投资（万元）	地方投资（万元）	中央投资（万元）	地方投资（万元）
全　省	**24997.28**	**5.31**	**3736.35**	**276.16**	**11.15**	**9597.38**	**1331.04**	**15.56**	**8057.86**	**878.02**	**1120.47**	
太原市	2617.00	0.64	385.60	30.00	1.37	1144.00	244.10	0.92	550.00	119.50	143.80	
长治市	542.00				0.31	262.00		0.47	280.00			
晋城市	725.90				0.49	417.60	8.40	0.46	278.00		21.90	
朔州市	690.58	0.25	207.30		0.28	175.28	48.00	0.35	208.00	52.00		
晋中市	3611.48	0.15	92.00	46.00	1.49	1274.08	42.00	2.93	1756.06	108.00	293.34	
运城市	2975.75	1.38	808.80	111.60	0.97	808.82	84.60	1.04	661.08	36.42	464.43	
忻州市	4063.27	1.17	856.05	37.00	1.79	1611.20	208.70	1.92	1280.32	70.00		
临汾市	4388.00				2.02	1740.80	417.20	3.09	1898.00	332.00		
吕梁市	5383.30	1.71	1386.60	51.56	2.43	2163.60	278.04	4.39	1146.40	160.10	197.00	

表3－4　退耕还林和水土保持工程建设投资(至2007年末)

市　名	退耕还林							水土保持				
	投资合计（万元）	退耕地造林		荒山荒地造林		封山育林		投资合计（万元）	治理小流域面积（万 hm^2）	中央投资（万元）	地方投资（万元）	其他投资（万元）
		规模（万 hm^2）	中央投资（万元）	规模（万 hm^2）	中央投资（万元）	规模（万 hm^2）	中央投资（万元）					
全　省	**344013.82**	**60.37**	**277278.22**	**83.21**	**63086.58**	**6.30**	**3649.02**	**153332.76**	**86.36**	**113976.32**	**38414.44**	**942.00**
太原市	41744.04	2.65	37969.04	4.80	3600.00	0.23	175.00	9249.41	1.93	5807.55	3441.86	
大同市	38816.20	6.91	34138.70	6.57	4391.78	0.38	285.72	22696.83	19.75	21399.01	1297.82	
阳泉市	12824.20	0.89	11531.70	1.69	1267.50	0.03	25.00	4976.00	3.14	2150.00	1884.00	942.00
长治市	32227.76	2.57	28195.26	4.95	3768.00	0.29	264.50					
晋城市	2845.00	1.17	875.00	2.41	1805.00	0.22	165.00	155.51	0.25	108.01	47.50	
朔州市	26100.10	4.73	22185.10	4.68	3508.80	0.54	406.20	24228.00	8.67	21412.00	2816.00	
晋中市	45250.42	3.14	40412.92	6.12	4587.50	0.33	250.00	10007.82	2.47	6929.93	3077.89	
运城市	31028.60	2.76	27245.50	4.90	3667.50	1.79	115.60	730.00	0.98	549.50	180.50	
忻州市	44787.74	6.96	31486.74	15.45	12773.00	0.67	528.00	28499.53	10.48	22042.83	6456.70	
临汾市	14975.00	·5.14	3857.50	13.70	10272.50	1.05	845.00	29313.09	9.66	19453.70	9859.39	
吕梁市	53414.76	23.45	39380.76	17.94	13445.00	0.77	589.00	23476.57	29.03	14123.79	9352.78	

表 3－5　京津风沙源治理工程投资(至 2007 年末)

市　名	投资合计(万元)	人工造林			封山育林			飞播造林			其　他	
		规模(万 hm^2)	中央投资(万元)	地方投资(万元)	规模(万 hm^2)	中央投资(万元)	地方投资(万元)	规模(万 hm^2)	中央投资(万元)	地方投资(万元)	中央投资(万元)	地方投资(万元)
全　省	**185367.44**	**21872.30**	**9606.41**	**8838.90**	**3493.21**	**32932.00**	**32226.80**	**1392.68**	**71768.31**	**39.87**	**21201.85**	**8753.30**
大同市	25603.27	32.06	2125.35	53.70	88.55	6242.00	16.40	135.99	8564.10	39.87	5840.25	2721.60
朔州市	20180.76	1.46	2842.06	1073.10	3.50	3665.00		2.89	5208.00		4964.60	2428.00
忻州市	139583.41	21838.78	4639.00	7712.10	3401.16	23025.00	32210.40	1253.80	57996.21		10397.00	3603.70

表 3－6　三北防护林体系建设(含太行山绿化)工程投资(至 2007 年末)

市　名	投资合计(万元)	人工造林			封山育林			飞播造林			其　他	
		规模(万 hm^2)	中央投资(万元)	地方投资(万元)	规模(万 hm^2)	中央投资(万元)	地方投资(万元)	规模(万 hm^2)	中央投资(万元)	地方投资(万元)	中央投资(万元)	地方投资(万元)
全　省	**39646.66**	**36.08**	**23018.87**	**8615.71**	**16.56**	**3060.57**	**1753.53**	**12.25**	**809.03**	**656.95**		**1732.00**
太原市	1443.30	1.42	1251.30	90.00	0.21	102.00						
大同市	1414.90	0.97	634.60	386.00	1.96	205.00	103.90	1.14	85.40			
阳泉市	5441.75	1.24	2257.00	1034.40	1.62	319.50	148.55	1.15	100.00	82.30		1500.00
长治市	6720.04	2.88	2668.60	2633.40	2.46	656.54	442.40	2.00	56.10	31.00		232.00
晋城市	1860.55	0.45	635.00	788.00	0.35	125.00	184.30	0.16	120.00	8.25		
朔州市	1318.00	0.73	1098.00	200.00	0.04	20.00						
晋中市	4545.72	6.17	1243.69	1426.99	4.53	632.43	558.98	4.41	267.03	416.60		
运城市	1056.00	0.68	1015.00	25.00	0.03	16.00						
忻州市	5562.80	8.58	3848.25	972.25	3.98	535.40	118.10	2.73	82.00	6.80		
临汾市	6808.27	7.91	5199.30	881.47	1.19	351.20	197.30	0.43	67.00	112.00		
吕梁市	3475.33	5.05	3168.13	178.20	0.19	97.50		0.23	31.50			

表3-7 淤地坝工程和晋陕蒙砒砂岩沙棘生态工程建设投资(至2007年末)

市名	淤地坝工程							晋陕蒙砒砂岩沙棘生态工程			
	投资合计(万元)	骨干坝			中小型淤地坝			投资合计(万元)	沙棘种植面积(万 hm^2)	中央投资(万元)	地方投资(万元)
		规模(座)	中央投资(万元)	地方投资(万元)	规模(座)	中央投资(万元)	地方投资(万元)				
全省	**45934.49**	**574.00**	**29110.10**	**3521.87**	**1192.00**	**9078.04**	**4224.48**	**952.32**	**5.05**	**952.32**	
太原市	1983.54	15.00	1095.12	132.48	58.00	496.35	259.59				
朔州市	1861.09	20.00	885.66	149.42	56.00	584.83	241.18	65.30	0.08	65.30	
晋中市	421.80	7.00	345.98	46.96	1.00	20.67	8.19				
运城市	3200.73	33.00	1830.83	317.07	73.00	570.32	482.51				
忻州市	12507.82	178.00	8430.59	730.76	337.00	2564.18	782.29	887.02	4.97	887.02	
临汾市	16084.38	223.00	11087.38	1101.54	372.00	2425.49	1469.97				
吕梁市	9875.13	98.00	5434.54	1043.64	295.00	2416.20	980.75				

表 3－8　旱作节水农业示范基地建设、易地扶贫和耕地整理投资(至 2007 年末)

市　名	旱作节水农业示范基地建设				易地扶贫				耕地整理			
	投资合计（万元）	建设旱作节水基本农田面积（万 hm^2）	中央投资（万元）	地方投资（万元）	投资合计（万元）	搬迁人数（人）	中央投资（万元）	地方投资（万元）	投资合计（万元）	规模（万 hm^2）	中央投资（万元）	地方投资（万元）
全　省	**40280.21**	**8.05**	**17197.00**	**23083.21**	**130601.48**	**243921.00**	**54600.08**	**76001.40**	**64425.40**	**444.37**	**46894.14**	**17531.26**
太原市					3242.78	11678.00	1653.78	1589.00	6747.26	268.01	4308.00	2439.26
大同市					12814.50	25491.00	7777.00	5037.50	1799.51	0.16	336.00	1463.51
阳泉市									240.00	0.08	90.00	150.00
长治市	3929.80	0.22	2756.00	1173.80	16091.30	17017.00	4223.30	11868.00	7587.00	0.20	6567.00	1020.00
晋城市					3408.00	11373.00	2508.00	900.00	5533.00	0.24	5403.00	130.00
朔州市					4396.75	17334.00	400.00	3996.75	6265.03	0.38	4384.03	1881.00
晋中市	18164.00	1.61	7130.00	11034.00	1900.00	2300.00	736.00	1164.00	9969.99	0.27	8062.04	1907.95
运城市	3565.70	0.59	1815.00	1750.70	16841.00	36617.00	6551.00	10290.00	6637.49	173.73	4183.80	2453.69
忻州市	4685.00	3.83	2019.00	2666.00	16167.50	33769.00	7929.00	8238.50	5295.76	0.95	3421.76	1874.00
临汾市	8368.71	1.63	2592.00	5776.71	7552.00	20800.00	3650.00	3902.00	8910.07	0.32	5378.00	3532.07
吕梁市	1567.00	0.17	885.00	682.00	48187.65	67542.00	19172.00	29015.65	5440.29	0.03	4760.51	679.78

表3－9　饮水安全、沼气建设和以工代赈投资（至2007年末）

市　名	饮水安全				沼气建设				以工代赈		
	投资合计（万元）	受益人口（万人）	中央投资（万元）	地方投资（万元）	投资合计（万元）	沼气池建设数（口）	中央投资（万元）	地方投资（万元）	投资合计（万元）	中央投资（万元）	地方投资（万元）
全　省	**192391.45**	**505.44**	**64835.00**	**127556.45**	**134262.02**	**381423.25**	**54212.62**	**80049.40**	**265736.00**	**213529.48**	**52206.52**
太原市	11225.33	29.26	4314.00	6911.33	2562.10	10656.25	360.72	2201.38	8818.00	6362.00	2456.00
大同市	11772.68	32.41	3863.00	7909.68	3911.16	13643.00	320.00	3591.16	18981.50	16810.00	2171.50
阳泉市	7115.50	13.52	1556.00	5559.50	224.80	1400.00	158.20	66.60			
长治市	18112.44	47.08	6166.00	11946.44	9009.73	42943.00	3251.80	5757.93	13389.00	11089.00	2300.00
晋城市	10294.30	24.44	2897.00	7397.30	24147.72	83691.00	5596.48	18551.24	280.00	120.00	160.00
朔州市	9142.88	25.80	3079.00	6063.88	2245.66	9243.00	603.60	1642.06	8300.00	8000.00	300.00
晋中市	20519.38	51.74	6236.00	14283.38	13690.20	50195.00	1739.00	11951.20	11649.03	6675.40	4973.63
运城市	32598.99	87.00	11679.00	20919.99	10544.41	69975.00	4806.32	5738.09	18827.00	10260.00	8567.00
忻州市	20120.30	56.55	6903.00	13217.30	51017.46	23025.00	32210.40	18807.06	57996.21	47599.21	10397.00
临汾市	24968.20	68.10	8248.00	16720.20	10440.78	47924.00	3018.30	7422.48	25643.34	20121.00	5522.34
吕梁市	26521.45	69.54	9894.00	16627.45	6468.00	28728.00	2147.80	4320.20	101851.92	86492.87	15359.05

3.3.2 山西省的主要生态建设工程

3.3.2.1 汾河上游水土保持综合治理项目(1988 年始)

汾河上游建有汾河水库和汾河二库两座大型水库，是省城太原的重要水源地和防洪屏障。为了解决汾河水库严重的泥沙淤积问题，省委、省政府决定从1988 年开始对汾河上游的水土流失进行综合治理。20 年来，以“治穷致富、拦沙保库”为目标，坚持预防为主、全面规划、综合治理、坡沟滩兼治、连续治理方针，以县乡为依托、以村户为基础、以小流域为单元、以多沙区为重点、以经济和生态效益为结合点，取得了良好效果。20 年总投资 3.86 亿元，共治理水土流失面积 1796.9km^2，其中建设基本农田 41293hm^2，植被 138400hm^2，淤地坝 129 座。累计治理度由治理前的 10% 增加到 43.8%。年均入库泥沙从治理前的 1202.7 万 m^3 减少到目前的 339 万 m^3，减沙率达 72%。通过 20 年的梯坝滩、林果草的配套建设、综合治理，汾河水库上游形成了层层设防、节节拦蓄的综合防治体系，水土流失得到有效遏制，入库泥沙比治理前大为减少，大大延长了水库使用寿命，基本实现了当初制定的“拦沙保库”目标。

3.3.2.2 山西省雁门关生态畜牧经济区建设工程(2001 ~2010 年)

雁门关生态畜牧经济区位于山西北部和西部，共涉及 5 市、30 个县(区)。国土总面积 5.1 万 km^2，占山西省总面积的 32.6%，其中 80% 以上为山地和丘陵。工程区以雁门关为中心，涉及大同市全部(9 个县、区)，朔州市全部(6 个县、区)，忻州市大部(11 个县、区)，吕梁市 3 个县(兴县、岚县、方山县)和太原市 1 个县(娄烦县)。其中国家级贫困县 22 个、省级贫困县 2 个。总人口 714.7 万人，农业人口 506.8 万人。该区域是山西省水土流失严重、生态环境脆弱、经济不发达的地区。为改变该区经济贫困、生态恶化的局面，山西省委、省政府于 2001 年启动了雁门关生态畜牧经济区建设工程。按照国家有关标准测算，项目区总投资需 144 亿元，项目建设期为 10 年。其总体目标是：到 2010 年实现“456”的目标，即农民人均牧业纯收入达到 1200 元，占农民人均纯收入的 40% 以上，草地建设面积达到 260 万 hm^2，占到国土总面积的 50%，生态环境明显改善；畜牧业产值达到 80 亿元，占到农业总产值的 60% 以上，经济实力明显增强。

几年来，通过实施良种工程、草地建设及设施养殖示范工程、畜产品安全工程、支持服务体系建设工程、龙头企业建设工程、市场信息工程等 6 项工程；与京津风沙源治理、首都水资源保护、退耕还林(草)、三北防护林体系建设、太行山绿化、天然林资源保护六大工程建设同时推进，到 2006 年底累计完成投资 21.2 亿元。完成植树造林 77.2 万 hm^2，完成水土流失治理面积 50.7 万 hm^2。畜牧业占到农业总产值的 39%，农民人均牧业纯收入达到 633 元，比 2001 年翻了近 1 番；农产品加工在农村经济结构中的比重大幅增加，壮大了一批龙头企业，形成了一批有影响力的市场品牌。区内生产总值达到 624.2 亿元，年均增长11.8%；农民人均纯收入达 2274 元，年均增长 9.2%；30 个县中有 16 个县财政收入过亿元；进一步解决了 27.8 万人的温饱问题，巩固了 25.4 万低收入人口的温饱成果。2007 年地区生产总值 725.6 亿元；农民人均纯收入 2974.5 元，分别比 2006 年上升 16.2% 和 30.8%。农村交通、水利等基础设施建设取得重大突破。总体而言，雁门关生态畜牧经济区生态环境明显改善，牧业经济快速成长，综合实力明显增强，社会事业全面进步。

3.3.3 建设经验

近 60 年来，山西省国土综合治理取得了重大成就，这主要得益于党中央、国务院历来高度重视黄土高原治理工作；得益于省委、省政府全面落实党中央、国务院的方针、政策，采取了一系列积极措施；得益于全省各级政府管理部门牢牢抓住国家实施各项生态工程的机遇，积极争取多方投入，加大对区域综合治理的支持力度；归功于全省干部和群众长期以来发扬艰苦奋斗精神，为改善地区生态环境做出的巨大努力。

3.3.3.1 重点生态工程作用突出

多年来，特别是近 10 年来，通过实施一系列生态建设和农业基础设施建设工程，通过协同推进国家生态建设重点工程与“蓝天碧水”和造林绿化工程，在治理水土流失、缓解土地沙化蔓延等方面取得了显著成绩。例如，“十五”期间，累计完成水土流失治理面积 1.98 万 km^2，完成营造林 244.3 万 hm^2。全省水土流失和土地沙化状况有所缓解，部分地区的生态状况明显好转。

3.3.3.2 自然生态恢复效果明显

通过加强封山育林、封山禁牧、舍饲圈养等措施，大面积天然植被已经或正在逐步恢复起来，保持水土和维护生态平衡的效果很好。

3.3.3.3 生态治理与农民增收可以实现双赢

例如，在雁门关生态畜牧经济区建设中，以增加农民收入和改善生态环境为主要目标，加强农业基础设施建设，在确保人均1亩高效农田或2亩基本农田的基础上，放手让农民种草养畜，走"以牧为主、农林牧协调发展"的道路，把经济效益、生态效益和社会效益结合起来，实现了生态与经济双赢，已初步建成雁门关生态畜牧经济区。

3.3.3.4　在认识上初步达成若干共识

①山西沿黄河一带，尤其是偏关至禹门口之间的沿黄各县(市、区)，水土流失十分严重，是黄河泥沙特别是粗泥沙的主要来源区之一，生态本底脆弱，为生态建设重点地区。②山西北部10多个县(市、区)的土地风蚀水蚀相当严重，应采取综合治理措施，改善当地生产生活环境，并为根治京津风沙危害作贡献。③山西中部的河谷平原区是重要的农业区和经济活动中心区，在保障山西粮食安全和经济社会发展方面具有重大作用。应进一步改善水浇地质量，扩大有效灌溉面积，积极推进水源及节水配套工程和农田旱作节水工程建设。④西部和东部土石山区为国家和省级自然保护区、森林公园和重要水源地等的集中分布地区，属于确保山西生态平衡和自然特色，改善区域生态环境质量的核心区域。

3.3.4　存在的主要问题

3.3.4.1　缺乏综合规划管理的有效机制

目前实施的生态建设、水土保持、农业基础设施建设等工程项目分头实施，整体上缺乏综合规划管理的有效机制，影响了治理效果。工程建设中，没有能被各个投资或主管主体均认可的综合规划方案。对区域的主体功能，开发方向等缺乏统一认识，管理混乱，治理无序，协调不力等问题亟待解决。

3.3.4.2　投资总量增长缓慢

近年来，国家和地方对生态环境建设投资明显增加，但由于需要治理面积大，历史欠账太多(根据山西省有关部门测算，1978～2004年26年间遗留的煤炭开采环境污染和生态破坏欠账达4000多亿元)(王金南等，2006)，治理投资总量仍然严重不足，难以适应生态建设及经济发展的需要。随着治理工作的逐步推进，今后的治理难度更大，建设成本更高，建设需求与投入不足之间的矛盾会更加突出。需要建立长期、稳定的生态治理投入机制和投资渠道。

3.3.4.3 重建轻管问题严重

重建设轻管护导致治理成果未能很好保存并发挥效益是多年来治理中存在的一大难题。近年来，虽然广大干部群众充分认识到治理成果后续管理的重要性，但由于管理经费缺乏、人员安排困难等原因，一些行之有效的后续管理模式没有得到全面推广，一面治理一面破坏的问题仍亟待解决。

3.3.4.4 先破坏后治理恶疾仍在重复上演

近年来，大规模的煤炭开采造成大范围土地破坏。私挖乱采更加剧了对土地资源的破坏规模和程度。地面塌陷、水土流失、地下水位下降、地面工程设施遭到破坏、人居环境恶化等生态问题普遍发生。矿区土地复垦严重滞后，矿区生态保护进展缓慢。

3.3.4.5 科技支撑不力

长期以来，工程建设从前期准备、立项到实施过程，对科技的支撑作用往往考虑不足，很少甚至没有列支相关的科技支撑经费。规划粗放、仓促上马，盲目实施、草率收场的现象仍然存在。工程实施中新技术引进推广和科技培训力度不够，科技含量较低，科技成果转化率低。

3.4 需要治理的土地面积

全省目前仍需治理的土地面积 601.5176 万 hm^2，占全省总土地面积的 38.5%。其中需要采取林业措施的土地面积 345.9336 万 hm^2(占 22.1%)，可以进行人工造林、封山育林、飞播造林的土地面积分别为 190.7351 万 hm^2、141.4540 万 hm^2、13.7444 万 hm^2；需要采取牧业措施治理的土地面积 255.5840 万 hm^2(占 16.4%)，适宜改良利用、围栏封育治理和人工种草的土地面积分别为 117.8492 万 hm^2、62.9822 万 hm^2、74.7527 万 hm^2(表 3－10)。

3.5 综合治理的必要性和紧迫性

加快山西高原国土综合治理，对减少水土流失，遏制沙化土地扩展，改善当地生态环境，实现国土资源可持续利用，保障下游生态安全，减少沙尘暴天气危害，改善北京周围地区生态环境，促进山西及相邻地区的经济和社会发展具有重大的现实意义。

表 3－10　山西省需要治理的土地面积(2007 年)

市　名	需要采取林业措施治理的土地面积(万 hm^2)				需要采取牧业措施治理的土地面积(万 hm^2)			
	总面积	人工造林	封山育林	飞播造林	总面积	适宜改良利用*	适宜围栏封育治理**	适宜人工种草
全　省	**345.9336**	**190.7351**	**141.4540**	**13.7444**	**255.5841**	**117.8492**	**62.9822**	**74.7527**
太原市	12.3527	6.8587	5.1387	0.3553	19.0334	9.5667	5.0000	4.4667
大同市	35.4913	12.4053	17.4193	5.6667	22.7733	11.2133	4.9267	6.6333
阳泉市	12.4066	7.1533	5.2533					
长治市	27.7842	15.6295	11.4547	0.7000	11.1333	4.4333	3.4667	3.2333
晋城市	9.0974	4.2867	4.8107		15.2000	11.0000	1.0000	3.2000
朔州市	18.8534	8.8267	7.9600	2.0667	8.5067	2.7800	3.5647	2.1620
晋中市	31.2400	18.9533	11.2867	1.0000	25.2533	13.7133	4.6067	6.9333
运城市	21.7700	9.8660	10.5640	1.3400	16.6167	6.0033	4.6067	6.0067
忻州市	52.6907	30.8177	20.0713	1.8017	57.7847	23.0440	14.8300	19.9107
临汾市	44.2446	27.2533	16.4713	0.5200	32.1407	17.6180	5.8560	8.6667
吕梁市	57.3360	39.3513	17.6907	0.2940	47.1420	18.4773	15.1247	13.5400
省直林区	22.6667	9.3333	13.3333					

*指通过飞播、补播等人工措施之后,可以开发利用的轻度和中度退化草地面积。

**指近期内不能利用,以生态保护为主要目的的重度退化草地面积。

一是维护国土生态安全的需要。山西位于黄河中游，严重水土流失不仅破坏了当地的生态环境和农业资源，并给邻近地区和沿河流沟道两侧，尤其是对下游生态环境、生产活动，甚至生命财产造成直接威胁。水土流失目前仍是山西沿黄地区最大的生态环境问题之一，也是国家、国际社会关注的问题之一。因此，急需加大水土流失治理力度，改善山西沿黄地区及相关地区的生态环境。

二是持续优化首都生态环境的需要。位于北京西北部的山西雁北一带，分布有大面积的沙化土地，生态环境脆弱，环境恶劣，植被稀疏，地表裸露，冬春季节在西北气流的作用下很容易形成大范围的沙尘天气，给北京的环境质量造成严重的影响。继续采取有效措施，持续遏制沙患，进一步减轻首都及周边地区的风沙危害，是摆在我们面前的一项十分艰巨的任务。

三是促进山西经济发展和农民群众脱贫致富的需要。由于各种因素和条件限制，特别是水土流失、土地沙化、水资源利用率低、水利设施不配套等，阻碍了群众脱贫致富和地区经济发展。不少县(市、区)财政收不抵支，一些地方生产结构单一，经济效益低下，经济收入在全国平均水平以下。加强国土综合治理，促进大农业发展，可以有效增加粮食产量，保障粮食安全；可以优化农业结构，提高农业综合生产能力，增加农民收入，加快地方经济发展。

四是进一步整合生态治理资金，提高资金使用效益的需要。改革开放以来，尤其是最近 10 余年，国家和地方已在生态建设方面投入大量资金。但是管理渠道分散，项目之间缺乏统筹协调，使用效率不高。实施区域综合治理，有利于整合资金，提高资金使用效益。

黄土高原综合治理正面临良好机遇。一是党中央、国务院高度重视黄土高原生态建设。二是国家综合实力增强，已有能力集中一部分财力用于生态建设。三是山西省综合经济实力明显增强，为加大生态治理投资，积极偿还生态欠账创造了有利条件。四是在长期治理实践中，积累了一些成功的治理模式和经验，有了一定的工作基础。五是人民群众有改善生态环境的迫切要求，殷切盼望政府能够继续帮助他们改善生态环境，走出一条早治理、早受益、早脱贫的路子。故此，必须抓紧组织实施区域综合治理。

第4章

规划的指导思想、原则和目标

4.1 指导思想和基本原则

4.1.1 指导思想

以中国特色社会主义理论为指导，以《土地管理法》、《农业法》、《森林法》、《草原法》、《防沙治沙法》和《水土保持法》等法律法规为准绳，按照《全国生态环境建设规划》的总体要求，从保障区域国土生态安全和促进区域可持续发展出发，坚持科学规划、综合治理的原则，把山西省黄土高原综合治理与经济社会发展紧密结合，以防治水土流失和土地沙化为重点，分步实施，采取农、林、水相结合的综合治理措施，从根本上解决生态严重退化问题，促进山西经济社会的可持续发展。

4.1.2 基本原则

(1)以保障生态安全、粮食安全为核心，兼顾生态效益、经济效益、社会效益，促进区域经济社会可持续发展；

(2)因地制宜，分区、分类实施，突出重点地区、重点项目建设；

(3)以小流域为单元，采用工程、生物和农艺等综合技术措施，实施综合治理；

(4)遵循自然规律，自然恢复与人工恢复相结合，以人工措施促进自然生态恢复；

(5)依法实施，政策引导，科学规划，强化管理。

4.2 建设期限和建设目标

4.2.1 建设期限

根据国家发改办农经[2008]1808号文件精神，山西省黄土高原综合治理规划的期限暂定为23年(2008~2030年)，分两个时段进行：近期为2008~2015年，远期为2016~2030年①。

4.2.2 建设目标与任务

4.2.2.1 总体目标

用23年时间，动员和组织全省人民，加强综合治理力度，完成一批有重要影响的工程。力争到2030年，使全省森林覆盖率提高约12个百分点，适宜治理的水土流失区基本得到治理，晋西沿黄河水土流失治理大见成效，年均减少入黄泥沙约1亿t，晋北土地沙化趋势从根本上得到遏制，全省农业综合生产能力显著提高，农民就业与持续增收得到有效保障。全省生态环境明显好转，初步实现三晋山川秀美目标。

4.2.2.2 具体任务

到2030年，完成林草植被保护和建设397.45万hm^2，其中封山育林141.45万hm^2，封山育草56.71万hm^2，人工造林190.74万hm^2，飞播造林8.55万hm^2。人工种草61.72万hm^2，改良草地76.41万hm^2，建成棚圈2837.60万m^2，添置饲料机械104.23万台，建青贮窖22101.10万m^3。建设淤地坝15363座，其中骨干坝3050座，中小型淤地坝12313座；建生产坝54443座，堤防工程3628km，沟滩地10.89万hm^2；完成坡改梯36.32万hm^2，建水窖160303眼，建水源及节水配套工程53487处，新增农田旱作节水设施覆盖面积为53.50万hm^2。新增太阳能用户279.63万个，沼气池用户249.59万个，

① 如果要与国民经济和社会发展五年计划相衔接，亦可将2008~2010年作为综合治理的预备期，将2011~2030年分为近期(2011~2020年)和远期(2021~2030年)两个时段。在总建设任务中减去预备期建设任务之后，再视具体情况确定近期和远期各自的建设任务与目标。

亦可考虑制定一个2011~2050年的中长期综合治理规划，每10年为1个阶段，第1个10年为近期，第2个10年为中期，最后两个10年为远期。其目标为：第1个10年实现综合治理大突破，第2个10年实现综合治理上台阶(初步实现山川秀美、生态文明目标)，第3和第4个10年实现综合治理效果稳定提高，使全省步入人口、经济、社会、环境和资源相互协调的可持续发展道路。

节柴灶用户186.18万个。

4.2.2.3 近期任务*

到2015年，完成林草植被保护和建设222.93万hm^2。其中封山育林82.56万hm^2，封山育草30.37万hm^2，人工造林105.29万hm^2，飞播造林4.71万hm^2。人工种草36.27万hm^2，改良草地43.19万hm^2，建成棚圈1457.73万m^2，添置饲料机械63.46万台，建青贮窖1210.76万m^3。建设淤地坝8153座，其中骨干坝1625座，中小型淤地坝6528座；建生产坝28959座，堤防工程1928km，沟滩地5.80万hm^2；完成坡改梯22.35万hm^2，建水窖93415眼，建水源及节水配套工程20620处，新增农田旱作节水设施覆盖面积32.86万hm^2。新增太阳能用户167.3万个，沼气池用户145.70万个，节柴灶用户106.92万个。

4.2.2.4 远期任务

从2016年至2030年，完成林草植被保护和建设174.56万hm^2。其中封山育林58.90万hm^2，封山育草26.37万hm^2，人工造林85.46万hm^2、飞播造林3.84万hm^2。人工种草25.44万hm^2，改良草地33.21万hm^2，建成棚圈1349.87万m^2，添置饲料机械40.76万台，建青贮窖877.34万m^3。建设淤地坝7210座，其中骨干坝1425座，中小型淤地坝5785座；建生产坝25484座，堤防工程1700km，沟滩地5.09万hm^2；完成坡改梯13.97万hm^2，建水窖66888眼，建水源及节水配套工程32867处，新增农田旱作节水设施覆盖面积20.63万hm^2。新增太阳能用户112.37万个，沼气池用户103.89万个，节柴灶用户79.26万个。

---

* 考虑到各项工程任务的实际完成时间受多种因素（如资金到位时间、工程进度等）的影响，在总体目标和总任务不变的情况下，在正式编制规划时，近期与远期的长短及其任务的大小，仍可视具体情形（如国家或地方的投资进度安排、工程总体布局等）而进行必要调整。

第5章

综合治理分区

5.1 分区原则

5.1.1 综合协调原则

与现有各项专题区划、规划衔接，以已有划片分区方案为基础，结合山西省实际，进一步划分亚区、地区，并对其定界。

5.1.2 主导因素原则

以生物气候特征(即地带性因素)为主，兼顾地貌差异和土壤侵蚀特点。

5.1.3 叠加协调原则

对气候分区图、植被区划图和地形图等进行叠加处理，同时进行必要的综合调整。

5.1.4 空间协调性原则

协调好西部(吕梁山系)、中部(河谷盆地)和东部(太行山系)的关系。即根据“两山夹一川”的基本地貌特点，做好自上而下分区或自下而上归并。

5.1.5 县域完整性原则

在确定亚区、地区界限时，不打破县(市、区)界，保持县级行政区界的完整性，以利综合治理规划的实施和监督管理。

5.1.6 两级续分与简化级别和简化命名原则

与省级规划相适应，综合治理单元的面积不能过大或过小。尤其是最低或二级续分单元(即综合治理地区)的数目不宜过多，面积不宜太小。在给综合治理单元命名时，文字要简明扼要，易于被大家接受。

5.2 分区依据和分区系统

分区依据往往随分区对象、分区尺度、分区目的等而有所不同。但是，一般而言，应尽可能地体现其分区的目的并反映区域的分异规律。山西地处暖温带与温带过渡地带，地形地貌分异明显，宏观生态系统类型和土地资源基本特征等具有明显空间分异。综合治理分区的主要依据为气候、植被和土壤地带性，同时兼顾地貌和土壤侵蚀特征等因素。

分区系统是以“国家2008 分区方案”为基础，再进行两级续分，构建一个包含一级区(综合治理片)、二级区(综合治理区)、三级区(综合治理亚区)和四级区(综合治理地区)的4 级分区系统。其中一级区和二级区名称来自“国家2008 分区方案”；三级区和四级区各单元的命名主要遵循以下原则：①准确体现各个区的主要特点；②标明其所处的地理空间位置；③同一个单元下的各个次级单元名称相互对应；④文字上简明扼要，易于被大家接受。

根据以上分区原则、依据、等级和命名方法，综合考虑气候、植被、地貌和土壤侵蚀等要素，采用“将气候分区图、植被区划图、地势图和行政分区图叠加→自上而下整合集成”的技术路线，进行综合治理分区。从而得到一个包括3 个区、5 个亚区和17 个地区的山西省黄土高原地区综合治理分区方案。

Ⅰ黄土丘陵沟壑区

Ⅰ-01 晋北黄土丘陵沟壑亚区

Ⅰ-01-01 晋西北黄土丘陵沟壑地区

Ⅰ-01-02 晋北黄土丘陵低山地区

Ⅰ-01-03 大同盆地平原地区

Ⅰ-02 晋西黄土丘陵沟壑亚区

Ⅰ-02-04 晋西黄土丘陵沟壑地区

Ⅰ-02-05 晋西黄土残塬沟壑地区

Ⅱ河谷平原区

Ⅱ-03 中部河谷平原亚区

Ⅱ-03-06 忻定盆地平原地区

Ⅱ-03-07 太原盆地平原地区

Ⅱ－03－08 临汾和运城盆地平原地区

Ⅲ土石山区

Ⅲ－04 西部土石山亚区

Ⅲ－04－09 吕梁山土石山地区

Ⅲ－04－10 吕梁山山间黄土丘陵地区

Ⅲ－05 东部土石山亚区

Ⅲ－05－11 恒山五台山土石山地区

Ⅲ－05－12 太行山土石山地区

Ⅲ－05－13 太行山山间盆地丘陵地区

Ⅲ－05－14 太岳山土石山地区

Ⅲ－05－15 太行山太岳山山间盆地丘陵地区

Ⅲ－05－16 太行、太岳、中条山间盆地丘陵地区

Ⅲ－05－17 中条山土石山地区

山西省黄土高原地区综合治理分区图Ⅰ直观地显示了以上的3个区、5个亚区和17个地区。各级区的具体范围详见表5－1。

山西省黄土高原地区综合治理分区图Ⅱ同样直观地显示了类似的3个区、5个亚区和17个地区。与图Ⅰ不同，图Ⅱ所示的综合治理分区结果是将气候分区图、植被区划图（详见书末彩图）和地势图叠加，然后整合集成而得到。尽管打破"县界"之后，图Ⅱ所示的分区轮廓与实际地势轮廓更为吻合，但由于不易获得对应的基础数据，所以本研究以图Ⅰ所示分区结果为准。

5.3 分区治理方案

以下按黄土丘陵沟壑区、河谷平原区与土石山区3个综合治理区，对治理方案进行阐述（各个综合治理区的基本情况和建设任务等具体数据详见表5－2～表5－12）。

5.3.1 黄土丘陵沟壑区

基本情况：该区位于晋北和晋西，涉及大同、朔州、忻州、临汾和吕梁5市的33个县（市、区），总人口710.95万人，国土总面积49961.38km²。农业人口404.83万人，占总人口的56.9%，贫困人口141.85万人，占农业人口的35.0%。全省35个国家级贫困县有17个在本区。

在本区总土地面积中，林业用地面积17175.78km²，占总面积的34.38%；耕地12151.21 km²，占24.32%；草地2022.85km²，占4.05%；其他

表 5 - 1　山西省黄土高原综合治理分区行政范围

片 （2 个）	区 （3 个）	亚区 （5 个）	地区 （17 个）	地级市	县（市、区）	119	119
黄土高塬沟壑和黄土丘陵沟壑区片	Ⅰ黄土丘陵沟壑区	Ⅰ - 01 晋北黄土丘陵沟壑亚区	Ⅰ - 01 - 01 晋西北黄土丘陵沟壑地区	忻州市	神池县、五寨县、苛岚县、河曲县、保德县、偏关县	6	33
			Ⅰ - 01 - 02 晋北黄土丘陵低山地区	大同市	矿区、南郊区、新荣区、左云县	4	
				朔州市	平鲁区、右玉县	2	
			Ⅰ - 01 - 03 大同盆地平原地区	大同市	城区、阳高县、天镇县、大同县	4	
				朔州市	朔城区、山阴县、应县、怀仁县	4	
		Ⅰ - 02 晋西黄土丘陵沟壑亚区	Ⅰ - 02 - 04 晋西黄土丘陵沟壑地区	吕梁市	离石区、兴县、临县、柳林县、石楼县、中阳县、交口县	7	
			Ⅰ - 02 - 05 晋西黄土残塬沟壑地区	临汾市	吉县、乡宁县、大宁县、隰县、永和县、蒲县	6	
河谷平原与土石山区片	Ⅱ河谷平原区	Ⅱ - 03 中部河谷平原亚区	Ⅱ - 03 - 06 忻定盆地平原地区	忻州市	忻府区、定襄县、代县、原平市	4	36
			Ⅱ - 03 - 07 太原盆地平原地区	太原市	小店区、迎泽区、杏花岭区、尖草坪区、万柏林区、晋源区、清徐县、阳曲县	8	
				晋中市	榆次区、太谷县、祁县、平遥县、灵石县、介休市	6	
				吕梁市	孝义市	1	
			Ⅱ - 03 - 08 临汾和运城盆地平原地区	运城市	盐湖区、临猗县、万荣县、闻喜县、稷山县、新绛县、绛县、夏县、永济市、河津市	10	
				临汾市	尧都区、曲沃县、襄汾县、洪洞县、汾西县、侯马市、霍州市	7	

（续）

片（2个）	区（3个）	亚区（5个）	地区（17个）	地级市	县（市、区）	119	119
河谷平原与土石山区片	Ⅲ土石山区	Ⅲ-04 西部土石山亚区	Ⅲ-04-09 吕梁山土石山地区	太原市	娄烦县、古交市	2	50
				忻州市	宁武县	1	
				吕梁市	文水县、交城县、方山县、汾阳市	4	
			Ⅲ-04-10 吕梁山山间黄土丘陵地区	忻州市	静乐县	1	
				吕梁市	岚县	1	
		Ⅲ-05 东部土石山亚区	Ⅲ-05-11 恒山五台山土石山地区	大同市	广灵县、灵丘县、浑源县	3	
				忻州市	五台县、繁峙县	2	
			Ⅲ-05-12 太行山土石山地区	长治市	平顺县、黎城县、壶关县、武乡县	4	
				晋城市	陵川县	1	
				晋中市	榆社县、左权县、和顺县、昔阳县、寿阳县	5	
			Ⅲ-05-13 太行山山间盆地丘陵地区	阳泉市	城区、矿区、郊区、平定县、盂县	5	
			Ⅲ-05-14 太岳山土石山地区	长治市	沁源县	1	
				临汾市	翼城县、古县、安泽县、浮山县	4	
			Ⅲ-05-15 太行山太岳山山间盆地丘陵地区	长治市	城区、郊区、长治县、襄垣县、屯留县、长子县、沁县、潞城市	8	
			Ⅲ-05-16 太行、太岳、中条山间盆地丘陵地区	晋城市	城区、阳城县、泽州县、高平市	4	
			Ⅲ-05-17 中条山土石山地区	晋城市	沁水县	1	
				运城市	垣曲县、平陆县、芮城县	3	

6425.65km^2，占12.86%。森林面积80.90万hm^2，覆盖率为16.19%；需要退耕16.91万hm^2，占总耕地面积的13.92%。

本区水资源总量290611.94万m^3，人均水量408.77m^3，耕地平均水量2392m^3/hm^2；地表水年径流量150040.97万m^3，蓄引提水工程44处，开发利用地表水41771.08万m^3，占地表水资源量的27.84%；地下水资源量210914.72万m^3，打机井、基本井、土筒井14215眼，开发利用地下水资源62434.15万m^3，占地下水资源量的29.60%。该区地下水资源较丰富，埋藏浅，开发利用程度低。有效灌溉面积21.28万hm^2，占耕地总面积的17.51%，在3个综合治理区中该区的有效灌溉率最低。

本区的3个综合治理地区，即晋西北黄土丘陵沟壑地区、晋西黄土丘陵沟壑地区和晋西黄土残塬沟壑地区，位于偏关县至禹门口之间的沿黄区，是黄土高原地区最典型的地貌单元之一，以梁峁丘陵或残垣丘陵为主，沟壑纵横、地形破碎，15°以上的坡耕地约占耕地总面积的30%；水土流失土地面积达25107.4km^2，占土地总面积的81%，其中严重水土流失[侵蚀模数>5000t/(km^2·a)]面积19498.2km^2，占水土流失总面积的64.1%。该区是黄河泥沙特别是粗泥沙的主要来源区，此区面积约占黄土高原面积的5%，而年均输沙量却占黄河同期输沙总量的50%以上；其中粗泥沙主要来源区[侵蚀模数大于5000t/(km^2·a)，粒径0.1mm以上的粗沙模数大于1400t/(km^2·a)]面积1.88万km^2，约占黄土高原面积的3%，粗沙输沙量约占全河粗沙输沙总量的34.5%，对黄河下游河道淤积产生重大影响。

在本区的另外两个综合治理地区，即晋北黄土丘陵低山地区和大同盆地平原地区，水土流失土地面积分别为土地总面积的72.0%和54.7%，其中严重水土流失面积分别占水土流失总面积的43.9%和29.4%。这两个综合治理地区的明显特征之一是土地沙化亦较严重，属于水蚀和风蚀地区。此外，土壤盐渍化也较严重。共有沙化地7.3万hm^2，占土地总面积的3.9%；盐碱地17.4万hm^2，占土地总面积的9.2%。

主要问题：水土流失严重，土壤侵蚀以水蚀为主，风蚀亦较严重，生态环境十分脆弱。坡耕地面积大，农业经济发展水平低下，农牧业基础设施薄弱，人民生活贫困。

生态地位：生态环境脆弱，在保障区域国土生态安全方面具有重要生态功能价值。

总体目标：以小流域为单元、以县域为单位，将淤地坝建设、坡耕地改造、人工造林种草等工程措施和生态系统自我修复措施结合起来，综合治理、整体推进，使水土流失问题基本得到治理，实现人口、资源环境协调发展。

治理对策：科学、扎实、有序推进坝系建设，充分发挥淤地坝在拦截泥沙、蓄洪滞洪、减蚀固沟、增地增收等方面的综合作用；强化坡耕地改造，通过水平梯田和沟坝地高产田建设，发展旱作节水农业和推广保护性耕作，发展特色产业，壮大地方经济；在保障基本农田建设、提高农田生产能力同时，促进陡坡耕地退耕还林还草，遏制坡耕地严重的水土流失，加强梁峁防护林、坡面防护林、沟道防护林建设，建立起控制水土流失的多道防护林体系；积极营造防风和固沙乔木林、灌木林，形成防风阻沙固沙体系，遏制土地沙化蔓延；加强基本牧场建设，提高基本牧场产草能力，促进退化草地退牧和休牧。沟、坡治理统筹兼顾，以人工种草促退牧还草，把治理与开发融为一体，把治理水土流失与治穷致富紧密结合起来。加强农村沼气建设，解决农民燃料问题，结合改厕、改圈，综合利用人畜粪便，对废弃物进行无害化处理，建设生态家园，消灭病菌传染源，切断疫病传播渠道，有效地改善农村公共卫生脏、乱、差的现状，促进农民传统生活方式的改变和农村循环经济的发展。

治理方案一：——针对以水蚀为主的治理方案。自梁峁顶至沟底，实施构建多道防护体系的综合治理措施：①梁峁顶防护体系—因地制宜，建设基本农田；以灌草为主，防风固土，控制梁峁及其附近的土壤侵蚀；②梁峁坡防护体系—实行坡改梯，建设基本农田，将其改造成农业和果品生产基地；以水平阶、鱼鳞坑等小型水保工程为主，拦蓄降水，保持水土；③峁缘线防护体系—以沟头防护体系为主，拦截梁峁坡防护体系的剩余径流，分割水势，防止溯源侵蚀；④沟坡防护体系—采取自然封育措施，恢复林草植被，实施人工造林种草，发展径流林业，拦截上道防护体系的剩余径流，固土护坡；⑤沟道防护体系—从上游到下游，支毛沟到干沟，修建淤地坝，以坝系工程建设为主，两侧平缓地改造为梯田台地，发展坝系农业，兼营沟道防护林，以抬高侵蚀基点，形成以沟道工程与林草措施相结合的沟道防护体系。

治理方案二：——针对水蚀风蚀均较严重的治理方案。①乔灌结合，人工造林、封山育林和飞播造林结合，水土保持林和防风固沙林结合，片林、林带和林网结合，建设防风沙屏障。②推行围封禁牧、轮牧和舍饲，保护和恢复沙化草地植被；③推广以小流域为单元的综合治理，因地制宜，搞好川地、缓坡地基本农田建设；推广免耕法、留茬等农耕措施。

建设规模：到2030年，完成林草植被保护和建设131.43万hm^2，其中封山育林38.48万hm^2，封山育草12.17万hm^2，人工造林76.37万hm^2、飞播造林4.40万hm^2。人工种草22.34万hm^2，改良草地25.06万hm^2，建成棚圈

1013.10 万 m^2，添置饲料机械 39.21 万台，建青贮窖 827.92 万 m^3。建设淤地坝 9776 座，其中骨干坝 1933 座，中小型淤地坝 7843 座；建生产坝 34573 座，堤防工程 2301km，沟滩地 6.91 万 hm^2；完成坡改梯 18.20 万 hm^2，建水窖 50593 眼，建水源及节水配套工程 10206 处，新增农田旱作节水设施覆盖面积 10.21 万 hm^2。新增太阳能用户 65.65 万个，沼气池用户 56.76 万个，节柴灶用户 56.28 万个。

5.3.1.1　近期(2008～2015 年)建设工程、内容和规模

(1)林草植被保护和建设

总计完成 74.37 万 hm^2。其中封山育林 20.80 万 hm^2，封山育草 8.11 万 hm^2,人工造林 42.99 万 hm^2、飞播造林 2.47 万 hm^2。

(2)畜牧业建设

人工种草 13.07 万 hm^2，改良草地 14.80 万 hm^2，建成棚圈 512.63 万 m^2，添置饲料机械 24.60 万台，建青贮窖 462.53 万 m^3。

(3)农田水利建设

建设淤地坝 5010 座，其中骨干坝 1004 座，中小型淤地坝 4006 座；建生产坝 17853 座,堤防工程 1188km,沟滩地 3.57 万 hm^2;完成坡改梯 11.10 万 hm^2，建水窖 30073 眼，建水源及节水配套工程 3662 处，新增农田旱作节水设施覆盖面积 6.54 万 hm^2。

(4)农村能源建设

新增太阳能用户 42.55 万个，沼气池用户 35.58 万个，节柴灶用户 35.35 万个。

5.3.1.2　远期(2016～2030 年)建设工程、内容和规模

(1)林草植被保护和建设

总计完成 57.07 万 hm^2。其中封山育林 17.69 万 hm^2，封山育草 4.07 万 hm^2，人工造林 33.39 万 hm^2、飞播造林 1.93 万 hm^2。

(2)畜牧业建设

人工种草 9.27 万 hm^2，改良草地 10.26 万 hm^2，建成棚圈 500.47 万 m^2，添置饲料机械 14.61 万台，建青贮窖 365.39 万 m^3。

(3)农田水利建设

建设淤地坝 4766 座，其中骨干坝 929 座，中小型淤地坝 3837 座；建生产坝 16720 座，堤防工程 1113km，沟滩地 3.34 万 hm^2；完成坡改梯 7.10 万 hm^2，

建水窖20520眼，建水源及节水配套工程6544处，新增农田旱作节水设施覆盖面积3.66万hm^2。

(4)农村能源建设

新增太阳能用户23.10万个，沼气池用户21.18万个，节柴灶用户20.93万个。

5.3.2　河谷平原区

基本情况：该综合治理区位于滹沱河和汾河谷地，涉及太原、晋中、运城、忻州和吕梁5市36个县(市、区)，总人口1431.21万人，国土总面积3.45万km^2。农业人口711.92万人，占总人口的49.74%。贫困人口66.38万人，占农业人口的9.32%，国家级贫困县4个。

在本区总土地面积中，林业用地面积7101.95km^2，占总面积的20.58%；耕地11509.67km^2，占33.36%；草地729.62km^2，占2.11%；其他5442.04km^2，占15.77%。森林面积56.46万hm^2，覆盖率16.36%。需要退耕2.56万hm^2，占总耕地面积的2.22%。

本区水资源总量310346.14万m^3，人均水量216.84m^3，耕地平均水量2696m^3/hm^2；地表水年径流量174326.10万m^3，蓄引提水工程104处，开发利用地表水92499.79万m^3，占地表水资源量的53.06%；地下水资源量258733.56万m^3，打机井、基本井、土筒井51971眼，开发利用地下水资源216114.70万m^3，占地下水资源量的83.53%。有效灌溉面积56.99万hm^2，占耕地总面积的约49.52%，在3个亚区中本亚区的有效灌溉率最高。

在3个综合治理区中，本区水量相对充足，光热资源丰富；是重要的农业区和经济活动中心区域。

尽管在3个综合治理区中，本区水土流失程度最轻，但是在本区的忻定盆地平原地区、太原盆地平原地区与临汾和运城盆地平原地区，水土流失面积亦别达4421.7km^2、6241km^2和8930km^2，占各自土地总面积的62.3%、55.6%和55.2%，其中严重水土流失面积分别占水土流失总面积的38.5%、28.5%和32.9%。

战略地位：发挥本区光热和土地资源优势，建成高效节水灌溉农业体系和高效节水旱作农业体系，对长期实现全省粮食农产品自给有余，接纳黄土丘陵沟壑区和土石山区生态移民，保障全省经济和社会的可持续发展具有重大意义。

主要问题：①农业基础设施薄弱，农业生产力较低。一些县(市)有效灌溉面积很少，人均不到半亩。②部分地域水土流失相当严重。严重水土流失面积合计达 5724.89km^2，占本区土地总面积的 17%。

总体目标：搞好高效基本农田建设，搞好农田防护林建设，通过沟道治理和灌溉渠系等水利工程建设，以利基本农田建设，稳定和提高农业生产能力。通过发展多种经营，提高农民收入促进生态建设。农村发展沼气，加强村镇、道路绿化，改善农村人居环境，以利于植被保护，促进新农村建设。

治理对策：建设功能完备、生态效益稳定的农田防护林，搞好四旁绿化，形成田、林、路、渠配套，为生态农业生产体系建设提供重要保障。同时，结合节水灌溉工程和沟道生态治理工程，建设具有特色的经济林基地和人工饲草料基地，发展农林混作(包括林粮、林果、林草、林药等生态农业生产技术)，推广旱作农业技术和保护性耕作技术，培肥地力，发展畜牧业和农副产品加工等，提升农业产业化水平。

建设规模：到 2030 年，完成林草植被保护和建设 101.39 万 hm^2，其中封山育林 44.49 万 hm^2，封山育草 11.25 万 hm^2，人工造林 43.84 万 hm^2、飞播造林 1.36 万 hm^2。人工种草 13.57 万 hm^2，改良草地 16.58 万 hm^2，建成棚圈 685.20 万 m^2，添置饲料机械 23.72 万台，建青贮窖 566.70 万 m^3。建设淤地坝 1828 座，其中骨干坝 350 座，中小型淤地坝 1478 座；建生产坝 6347 座，堤防工程 425km，沟滩地 1.27 万 hm^2；完成坡改梯 3.35 万 hm^2，建水窖 43974 眼，建水源及节水配套工程 20233 处，新增农田旱作节水设施覆盖面积为 20.23 万 hm^2。新增太阳能用户 118.55 万个，沼气池用户 107.69 万个，节柴灶用户 74.95 万个。

5.3.2.1 近期(2008～2015 年)建设工程、内容和规模

(1) 林草植被保护和建设

总计完成 65.78 万 hm^2。其中封山育林 33.65 万 hm^2，封山育草 5.83 万 hm^2，人工造林 25.73 万 hm^2、飞播造林 0.57 万 hm^2。

(2) 畜牧业建设

人工种草 7.30 万 hm^2，改良草地 9.18 万 hm^2，建成棚圈 340.50 万 m^2，添置饲料机械 13.31 万台，建青贮窖 332.20 万 m^3。

(3) 农田水利建设

建设淤地坝 1077 座，其中骨干坝 195 座，中小型淤地坝 882 座；建生产坝 3623 座，堤防工程 242km，沟滩地 0.73 万 hm^2；完成坡改梯 2.10 万 hm^2，建水窖 26622 眼，建水源及节水配套工程 7845 处，新增农田旱作节水设施覆

盖面积12.38万hm^2。

(4)农村能源建设

新增太阳能用户65.03万个，沼气池用户59.43万个，节柴灶用户38.45万个。

5.3.2.2 远期(2016~2030年)建设工程、内容和规模

(1)林草植被保护和建设

总计完成35.62万hm^2。其中封山育林11.29万hm^2,封山育草5.43万hm^2,人工造林18.11万hm^2、飞播造林0.79万hm^2。

(2)畜牧业建设

人工种草6.27万hm^2，改良草地7.39万hm^2，建成棚圈344.70万m^2，添置饲料机械10.41万台，建青贮窖234.50万m^3。

(3)农田水利建设

建设淤地坝751座，其中骨干坝155座，中小型淤地坝596座；建生产坝2724座，堤防工程183km，沟滩地0.54万hm^2；完成坡改梯1.25万hm^2，建水窖17352眼，建水源及节水配套工程12388处，新增农田旱作节水设施覆盖面积7.85万hm^2。

(4)农村能源建设

新增太阳能用户53.52万个，沼气池用户48.26万个，节柴灶用户36.50万个。

5.3.3 土石山区

基本情况：该区主要位于吕梁山和太行山区，涉及太原、大同、阳泉、长治、晋城、晋中、运城、忻州、临汾和吕梁10市的50个县(市、区)，总人口1250.42万人。国土总面积7.18万km^2，水土流失土地面积5.15万km^2，占土地总面积的71.70%。农业人口782.09万人，占总人口的62.55%，贫困人口132.20万人,占农业人口的16.90%。全省35个国家级贫困县有14个在本亚区。

在本区总土地面积中,林业用地面积23007.16km^2,占总面积的32.04%;耕地14271.02km^2,占19.88%;草地5224.04km^2,占7.28%;其他7376.97km^2,占10.27%。森林面积165.81万hm^2，覆盖率23.09%。需要退耕6.03万hm^2，占总耕地面积的4.23%。

本区水资源总量(地表水、地下水)678735.93万m^3，人均水量542.81m^3，耕地平均水量4756m^3/hm^2；地表水年径流量553574.92万m^3，蓄引提水工程

97 处，开发利用地表水 86799.34 万 m^3，占地表水资源量的 15.68%；地下水资源量 435438.73 万 m^3，打机井、基本井、土筒井 20186 眼，开发利用地下水资源 85463.85 万 m^3，占地下水资源量的 19.63%。有效灌溉面积 30.59 万 hm^2，占耕地总面积的 21.43%，在 3 个综合治理区中本区的耕地有效灌溉率居中。本区水资源利用应以拦蓄利用地表水为主，大力发展小型集雨工程，有计划地合理开发利用地下水。

土石山区多为薄层黄土所覆盖，植被条件较好，森林平均覆盖度达 23.09%，属重要水源涵养区。在 3 个综合治理区中，该区水土流失程度居中。目前水土流失土地面积 5.15 万 km^2，占土地总面积的 71.70%，其中轻度和中度水土流失面积 3.54 万 km^2，占水土流失总面积的 68.75%，严重水土流失面积 1.61 万 km^2，占 31.25%。本区的西部土石山亚区，属全省 3 个水土流失最严重的亚区之一。

生态地位：山西省的国家级和省级自然保护区、森林公园和重点风景名胜区主要分布于本亚区；本亚区属于海河水源区和汾河水源区。

主要问题：过牧、过度樵采，陡坡耕种，导致部分地区还存在较强水土流失。

亚区总体目标：设立禁止开发区和限制开发区，采取分类治理措施，以提高区域生态环境质量，确保山西生态平衡和自然特色。

治理对策：对国家和省级自然保护区、森林公园、重点风景名胜区和重要水源地实行强制保护，禁止一切人为破坏活动。加大封山育林育草力度，实行人工造林和退耕还林还草，配合必要的沟道水土保持工程，完善和维护山区流域生态系统。大力推广以流域为单元的综合治理，因地制宜，搞好川地、缓坡地农田基本建设，建设谷坊、塘坝等拦沙蓄水工程，水池、水窖等集雨节灌工程，推广草田轮作、免耕法、留茬等农耕措施。改变传统的牧业生产方式，变放养为圈养，在条件适宜地区发展人工种植草料基地建设，减轻对自然植被的压力。

建设规模：到 2030 年，完成林草植被保护和建设 164.63 万 hm^2，其中封山育林 58.02 万 hm^2，封山育草 33.29 万 hm^2，人工造林 70.53 万 hm^2、飞播造林 2.79 万 hm^2。人工种草 25.81 万 hm^2，改良草地 34.77 万 hm^2，建成棚圈 1139.30 万 m^2，添置饲料机械 41.30 万台，建青贮窖 706.48 万 m^3。建设淤地坝 3759 座，其中骨干坝 767 座，中小型淤地坝 2992 座；建生产坝 13523 座，堤防工程 902km，沟滩地 2.71 万 hm^2；完成坡改梯 14.77 万 hm^2，建水窖 65736 眼，建水源及节水配套工程 23048 处，新增农田旱作节水设施覆盖面积 23.06 万 hm^2。新增太阳能用户 95.43 万个，沼气池用户 85.14 万个，节柴灶用户54.95万个。

5.3.3.1 近期(2008~2015年)建设工程、内容和规模

(1)林草植被保护和建设

总计完成82.78万hm^2。其中封山育林28.11万hm^2,封山育草16.43万hm^2,人工造林36.58万hm^2、飞播造林1.67万hm^2。

(2)畜牧业建设

人工种草15.90万hm^2,改良草地19.21万hm^2,建成棚圈604.60万m^2,添置饲料机械25.55万台,建青贮窖416.03万m^3。

(3)农田水利建设

建设淤地坝2066座,其中骨干坝426座,中小型淤地坝1640座;建生产坝7483座,堤防工程498km,沟滩地1.50万hm^2;完成坡改梯9.15万hm^2,建水窖36720眼,建水源及节水配套工程9113处,新增农田旱作节水设施覆盖面积13.94万hm^2。

(4)农村能源建设

新增太阳能用户59.68万个,沼气池用户50.69万个,节柴灶用户33.12万个。

5.3.3.2 远期(2016~2030年)建设工程、内容和规模

(1)林草植被保护和建设

总计完成81.87万hm^2。其中封山育林29.91万hm^2,封山育草16.87万hm^2,人工造林33.96万hm^2、飞播造林1.12万hm^2。

(2)畜牧业建设

人工种草9.90万hm^2,改良草地15.56万hm^2,建成棚圈534.70万m^2,添置饲料机械15.74万台,建青贮窖290.45万m^3。

(3)农田水利建设

建设淤地坝1693座,其中骨干坝341座,中小型淤地坝1352座;建生产坝6040座,堤防工程404km,沟滩地1.21万hm^2;完成坡改梯5.62万hm^2,建水窖29016眼,建水源及节水配套工程13935处,新增农田旱作节水设施覆盖面积9.12万hm^2。

(4)农村能源建设

新增太阳能用户35.75万个,沼气池用户34.45万个,节柴灶用户21.83万个。

以上3个综合治理区的各亚区和地区的基本情况和建设任务等详见表5-13~表5~22。

5.4 综合治理示范工程

为了提高综合治理效益和质量，使综合治理有新突破和大发展，拟选择一批具有代表性的县(市、区)作为综合治理示范区，探索新的生态建设机制、管理经验，推广应用新思路、新成果、新技术等，建设各具特色的综合治理优化模式，为综合治理起到样板或示范作用，推动和指导面上治理工程。

5.4.1 示范重点工程

①黄土丘陵沟壑区小流域综合治理试点工程。②河谷平原区农田旱作节水工程。③土石山区营林造林和植被保护工程。

5.4.2 示范县分布情况

根据自然和社会经济条件、综合治理主攻方向和地区资源优势，是否具有地区特色、具有典型代表性，以及是否具有较大示范辐射范围等条件，初选示范县15个(名单略)。这些示范县覆盖了3个综合治理区5亚区7个地区。其中黄土丘陵沟壑区3市10县(市、区)，河谷平原区2市2县，土石山区3市3县。

5.4.3 示范县概况

5.4.3.1 自然地理情况

示范县土地总面积2.5933万km^2，占全省总面积的16.59%；水土流失面积1.9895万km^2，占全省总水土流失面积的18.44%。

5.4.3.2 社会经济状况

示范县总人口289.3104万人，占全省的8.53%；农业人口217.5277万人，占示范区的75.19%。贫困人口93.83万人，占农业人口的43.14%。人口密度111.56人/km^2，相当于全国人口密度(138人/km^2)的80.84%。示范区农村劳动力64.6012万人。

5.4.3.3 现有土地利用情况

示范区土地面积2.5933万km^2，其中，耕地面积0.5564万km^2，占

21.64%；林地面积0.8865万km^2，占34.18%；草地面积0.1367万km^2，占5.27%；未利用土地面积0.6932万km^2，占26.73%；其他土地面积为0.2740万km^2，占10.56%。示范地区人均耕地面积0.1923hm^2。

5.4.3.4 水土流失现状

示范区水土流失面积为1.9895万km^2，占工程区水土流失面积的18.44%；其中重度水土流失面积1.2810万km^2，占示范区水土流失面积的64.39%；中度水土流失面积0.2917万km^2，占示范区的14.66%；轻度水土流失面积0.4168万km^2，占示范区的20.95%。

5.4.3.5 需要治理的土地面积

示范区目前仍需治理的土地面积125.95万hm^2，占示范区总土地面积的48.9%。其中需要采取林业措施的土地面积73.72万hm^2（占28.4%），可以进行人工造林、封山育林的土地面积分别为48.43万hm^2和25.29万hm^2；需要采取牧业措施治理的土地面积53.23万hm^2（占20.5%），适宜改良利用、围栏封育治理和人工种草的土地面积分别为24.42万hm^2、11.71万hm^2和11.10万hm^2。

5.4.4 示范期限和任务

5.4.4.1 建设期限

示范工程规划期限为6年(2010~2015年)。

5.4.4.2 建设工程、内容和规模

(1)林草植被保护和建设

封山育林13.43万hm^2，人工造林25.77万hm^2。

(2)畜牧业建设

人工种草8.10万hm^2，改良草地9.79万hm^2，建成棚圈196.95万m^2，建青贮窖122.95万m^3。

(3)农田水利建设

建设淤地坝3060座，其中骨干坝584座，中小型淤地坝2476座；完成坡改梯5.87万hm^2，建水窖14880眼，新增农田旱作节水设施覆盖面积为2.13万hm^2。

表 5－2　山西省黄土高原地区综合治理分区气候概况

分区名称	年平均气温（℃）	年日照时数（h）	年降水量（mm）	最大年降水量（mm）	最小年降水量（mm）	≥10℃积温（℃）	年无霜期（d）	年大风日数（d）
全　省	**9.8**	**2481.8**	**470.1**	**1004.6**	**193.0**	**3481.2**	**183.3**	**10.4**
黄土丘陵沟壑区	8.1	2647.6	438.5	836.1	201.3	3092.3	171.7	16.8
河谷平原区	11.5	2347.4	456.1	912.6	193.0	3956.8	195.0	7.1
土石山区	9.6	2469.8	501.4	1004.6	214.1	3391.6	182.6	8.7

表 5－3　山西省黄土高原地区综合治理分区经济社会基本情况

分区名称	总人口（万人）	其　中		农业劳动力	农村劳动力转移人数（万人）	地区生产总值（万元）	其　中			人均地区生产总值（元/人）	农民人均纯收入（元）
		农业人口	占总人口%				第一产业	第二产业	第三产业		
全　省	**3392.58**	**1898.83**	**55.97**	**633.84**	**327.48**	**55228975**	**3405978**	**32380520**	**19442477**	**16279.36**	**3679.76**
黄土丘陵沟壑区	710.95	404.83	56.94	117.97	64.33	8560814	687655	5065701	2807458	12041.44	2860.06
河谷平原区	1431.21	711.92	49.74	264.62	130.31	28863207	1548884	16377447	10936876	20166.95	4125.31
土石山区	1250.42	782.09	62.55	251.25	132.84	17804954	1169439	10937372	5698143	14239.21	3698.48

* 农业劳动力和农村劳动力转移人数为本次调查数据，其余据《山西统计年鉴——2008》数据整理。

表5－4 山西省黄土高原地区综合治理分区土地利用现状

分区名称	土地利用状况（km^2）							森林面积（万 hm^2）	森林覆盖率（%）
	土地总面积	耕地面积	园地面积	林地面积	草地面积	未利用地面积	其　他		
全　省	**156271.00**	**37931.90**	**2996.22**	**47284.89**	**7976.51**	**40836.82**	**19244.66**	**303.17**	**19.40**
黄土丘陵沟壑区	49961.38	12151.21	374.63	17175.78	2022.85	11811.26	6425.65	80.90	16.19
河谷平原区	34506.35	11509.67	1666.21	7101.95	729.62	8056.85	5442.04	56.46	16.36
土石山区	71803.27	14271.02	955.38	23007.16	5224.04	20968.71	7376.97	165.81	23.09

表5－5 山西省黄土高原地区综合治理分区水土流失状况

分区名称	水土流失面积（km^2）					
	合　计	轻　度*	中　度	强　度	极强度	剧　烈
全　省	**107898.00**	**34215.02**	**28123.02**	**28163.00**	**7800.00**	**9597.01**
黄土丘陵沟壑区	36819.42	6077.80	6994.79	10013.56	5203.16	8530.16
河谷平原区	19592.70	7887.79	5980.02	4939.86	691.00	94.03
土石山区	51485.88	20249.43	15148.21	13209.58	1905.84	972.82

＊注释同表2－9。

表 5－6　山西省黄土高原地区综合治理分区耕地现状

分区名称	耕地总面积（万 hm^2）	占土地总面积（%）	耕地状况（万 hm^2）					
			5°以下	占耕地总面积（%）	5°～10°			
					小　计	占耕地总面积（%）	坡　地	梯　田
全　省	**379.3188**	**24.27**	**121.7549**	**32.10**	**162.2836**	**42.78**	**72.4518**	**89.8318**
黄土丘陵沟壑区	121.5121	24.32	31.7238	26.11	43.8604	36.10	23.6362	20.2242
河谷平原区	115.0968	33.36	58.3531	50.70	45.9632	39.93	13.6566	32.3066
土石山区	142.7099	19.88	31.6780	22.20	72.4600	50.77	35.1590	37.3010

分区名称	耕地状况（万 hm^2）									
	15°～25°				25°以上				有效灌溉面积（万 hm^2）	占耕地总面积（%）
	小　计	占耕地总面积（%）	坡　地	梯　田	小　计	占耕地总面积（%）	坡　地	梯　田		
全　省	**69.7763**	**18.40**	**48.3565**	**21.4198**	**25.5040**	**6.72**	**20.5682**	**4.9358**	**108.8591**	**28.70**
黄土丘陵沟壑区	29.0137	23.88	23.0960	5.9177	16.9141	13.92	14.6386	2.2755	21.2751	17.51
河谷平原区	8.2237	7.15	4.4022	3.8215	2.5569	2.22	1.6684	0.8885	56.9942	49.52
土石山区	32.5389	22.80	20.8583	11.6806	6.0330	4.23	4.2612	1.7718	30.5898	21.43

表5-7 山西省黄土高原地区综合治理分区水资源现状

分区名称	水资源总量（地表水、地下水，万 m^3）	人均水量（m^3/人）	耕地平均水量（万 m^3/hm^2）	地表水年径流量（万 m^3）	地下水资源（万 m^3）	地下水资源可开采量（万 m^3）
全　省	**1279694.01**	**377.20**	**0.3374**	**877941.99**	**905087.01**	**522033.93**
黄土丘陵沟壑区	290611.94	408.77	0.2392	150040.97	210914.72	112416.65
河谷平原区	310346.14	216.84	0.2696	174326.10	258733.56	229045.78
土石山区	678735.93	542.81	0.4756	553574.92	435438.73	180571.50

表5-8 山西省黄土高原地区综合治理分区水资源利用现状

分区名称	现有蓄引提水工程（处）	开发利用地表水资源（万 m^3）	开发利用地表水资源占地表水资源量（%）	机井、基本井、土筒井（眼）	开发利用地下水资源（万 m^3）	开发利用地下水资源占地下水资源量（%）	水资源开发利用总量（万 m^3）
全　省	**245**	**221070.21**	**25.18**	**86372**	**364012.70**	**40.22**	**595016.91**
黄土丘陵沟壑区	44	41771.08	27.84	14215	62434.15	29.60	102145.46
河谷平原区	104	92499.79	53.06	51971	216114.70	83.53	309516.13
土石山区	97	86799.34	15.68	20186	85463.85	19.63	183355.32

表 5－9　山西省黄土高原地区综合治理分区需要治理的土地基本情况

分区名称	需要采取林业措施治理的土地（万 hm^2）				需要采取牧业措施治理的土地（万 hm^2）			
	总面积	人工造林	封山育林	飞播造林	总面积	适宜改良利用*	适宜围栏封育**	适宜人工种草
全　省	**345.9336**	**190.7351**	**141.4540**	**13.7444**	**255.5840**	**117.8493**	**62.9820**	**74.7526**
黄土丘陵沟壑区	129.8254	77.6920	44.3916	7.7417	91.7860	39.0200	24.5267	28.2393
河谷平原区	62.1158	37.8228	22.7843	1.5087	47.3687	24.0120	10.7433	12.6133
土石山区	153.9924	75.2203	74.2781	4.4940	116.4293	54.8173	27.7120	33.9000

* 指通过飞播、补播等人工措施之后，可以开发利用的轻度和中度退化草地面积。

** 指近期内不能利用，以生态保护为主要目的的重度退化草地面积。

表 5－10　山西省黄土高原地区综合治理分区建设总任务（2008～2030 年）

分区名称	林草植被保护和建设					畜牧业建设					
	合　计	封山育林（万 hm^2）	封山育草（万 hm^2）	人工造林（万 hm^2）	飞播造林（万 hm^2）	合　计	人工种草（万 hm^2）	改良草地（万 hm^2）	棚圈建设（万 m^2）	饲草机械（万台）	青贮窖（万 m^3）
全　省	**397.45**	**141.45**	**56.71**	**190.74**	**8.55**	**138.13**	**61.72**	**76.41**	**2837.60**	**104.23**	**2101.10**
黄土丘陵沟壑区	131.43	38.49	12.17	76.37	4.40	47.40	22.34	25.06	1013.10	39.21	827.92
河谷平原区	101.39	44.94	11.25	43.84	1.36	30.15	13.57	16.58	685.20	23.72	566.70
土石山区	164.63	58.02	33.29	70.53	2.79	60.58	25.81	34.77	1139.30	41.30	706.48

分区名称	淤地坝建设（座）			生产坝（座）	堤防工程（km）	沟滩地建设（万 hm^2）	坡改梯（万 hm^2）	水窖（眼）	水源及节水配套工程（处）	农田旱作节水设施建设（万 hm^2）	农村能源建设		
	合　计	骨干坝	中小型坝								太阳能（万户）	沼气池（万户）	节柴灶（万户）
全　省	**15363**	**3050**	**12313**	**54443**	**3628**	**10.89**	**36.32**	**160303**	**53487**	**53.50**	**279.63**	**249.59**	**186.18**
黄土丘陵沟壑区	9776	1933	7843	34573	2301	6.91	18.20	50593	10206	10.21	65.65	56.76	56.28
河谷平原区	1828	350	1478	6347	425	1.27	3.35	43974	20233	20.23	118.55	107.69	74.95
土石山区	3759	767	2992	13523	902	2.71	14.77	65736	23048	23.06	95.43	85.14	54.95

表5－11 山西省黄土高原地区综合治理分区近期(2008～2015年)建设任务

分区名称	林草植被保护和建设					畜牧业建设					
	合 计	封山育林（万 hm^2）	封山育草（万 hm^2）	人工造林（万 hm^2）	飞播造林（万 hm^2）	合 计	人工种草（万 hm^2）	改良草地（万 hm^2）	棚圈建设（万 m^2）	饲草机械（万台）	青贮窖（万 m^3）
全 省	**222.93**	**82.56**	**30.37**	**105.29**	**4.71**	**79.46**	**36.27**	**43.19**	**1457.73**	**63.46**	**1210.76**
黄土丘陵沟壑区	74.37	20.80	8.11	42.99	2.47	27.87	13.07	14.80	512.63	24.60	462.53
河谷平原区	65.78	33.65	5.83	25.73	0.57	16.48	7.30	9.18	340.50	13.31	332.20
土石山区	82.78	28.11	16.43	36.58	1.67	35.11	15.90	19.21	604.60	25.55	416.03

分区名称	淤地坝建设(座)			生产坝（座）	堤防工程（km）	沟滩地建设（万 hm^2）	坡改梯（万 hm^2）	水窖（眼）	水源及节水配套工程（处）	农田旱作节水设施建设（万 hm^2）	农村能源建设		
	合 计	骨干坝	中小型坝								太阳能（万户）	沼气池（万户）	节柴灶（万户）
全 省	**8153**	**1625**	**6528**	**28959**	**1928**	**5.80**	**22.35**	**93415**	**20620**	**32.86**	**167.26**	**145.70**	**106.92**
黄土丘陵沟壑区	5010	1004	4006	17853	1188	3.57	11.10	30073	3662	6.54	42.55	35.58	35.35
河谷平原区	1077	195	882	3623	242	0.73	2.10	26622	7845	12.38	65.03	59.43	38.45
土石山区	2066	426	1640	7483	498	1.50	9.15	36720	9113	13.94	59.68	50.69	33.12

表 5－12　山西省黄土高原地区综合治理分区远期(2016～2030 年)建设任务

分区名称	林草植被保护和建设					畜牧业建设					
	合　计	封山育林（万 hm^2）	封山育草（万 hm^2）	人工造林（万 hm^2）	飞播造林（万 hm^2）	合　计	人工种草（万 hm^2）	改良草地（万 hm^2）	棚圈建设（万 m^2）	饲草机械（万台）	青贮窖（万 m^3）
全　省	**174.56**	**58.90**	**26.37**	**85.46**	**3.84**	**58.65**	**25.44**	**33.21**	**1379.87**	**40.76**	**890.34**
黄土丘陵沟壑区	57.07	17.69	4.07	33.39	1.93	19.53	9.27	10.26	500.47	14.61	365.39
河谷平原区	35.62	11.29	5.43	18.11	0.79	13.66	6.27	7.39	344.70	10.41	234.50
土石山区	81.87	29.91	16.87	33.96	1.12	25.46	9.90	15.56	534.70	15.74	290.45

分区名称	淤地坝建设(座)			生产坝（座）	堤防工程（km）	沟滩地建设（万 hm^2）	坡改梯（万 hm^2）	水窖（眼）	水源及节水配套工程（处）	农田旱作节水设施建设（万 hm^2）	农村能源建设		
	合　计	骨干坝	中小型坝								太阳能（万户）	沼气池（万户）	节柴灶（万户）
全　省	**7210**	**1425**	**5785**	**25484**	**1700**	**5.09**	**13.97**	**66888**	**32867**	**20.63**	**112.37**	**103.89**	**79.26**
黄土丘陵沟壑区	4766	929	3837	16720	1113	3.34	7.10	20520	6544	3.66	23.10	21.18	20.93
河谷平原区	751	155	596	2724	183	0.54	1.25	17352	12388	7.85	53.52	48.26	36.50
土石山区	1693	341	1352	6040	404	1.21	5.62	29016	13935	9.12	35.75	34.45	21.83

表5－13 山西省黄土高原地区综合治理分亚区和地区气候概况*

亚区、地区名称	年平均气温（℃）	年日照时数（h）	年降水量（mm）	最大年降水量（mm）	最小年降水量（mm）	≥10℃积温（℃）	年无霜期（d）	年大风日数（d）
晋北黄土丘陵沟壑亚区	**6.9**	**2747.2**	**400.9**	**701.6**	**201.3**	**2894.9**	**156.9**	**20.3**
晋西北黄土丘陵沟壑地区	7.1	2683.4	427.1	617.2	259.2	2927.1	150.9	17.0
晋北黄土丘陵低山地区	5.3	2820.7	409.4	609.8	265.4	2478.3	150.2	26.6
大同盆地平原地区	7.4	2767.5	378.0	600.0	247.7	3027.0	163.9	20.4
晋西黄土丘陵沟壑亚区	**9.6**	**2517.4**	**487.6**	**836.1**	**242.1**	**3350.3**	**191.0**	**12.2**
晋西黄土丘陵沟壑地区	9.2	2584.3	485.1	713.2	294.5	3259.8	190.7	13.9
晋西黄土残垣沟壑地区	10.0	2439.4	490.5	735.3	297.6	3456.0	191.3	10.3
中部河谷平原亚区	**11.4**	**2360.8**	**461.5**	**912.6**	**193.0**	**3901.1**	**194.5**	**7.5**
忻定盆地平原地区	8.9	2566.7	411.0	636.0	222.5	3360.7	169.9	9.0
太原盆地平原地区	10.5	2434.4	417.3	631.3	239.1	3673.2	184.4	8.1
临汾和运城盆地平原地区	12.9	2234.4	494.0	788.1	276.3	4297.3	208.3	5.9
西部土石山亚区	**8.6**	**2562.3**	**436.8**	**737.2**	**214.1**	**3165.0**	**178.4**	**11.0**
吕梁山土石山地区	9.1	2527.4	432.8	638.8	256.0	3273.3	184.4	10.8
吕梁山山间黄土丘陵地区	7.1	2684.4	450.8	674.9	256.8	2786.1	157.5	11.8
东部土石山亚区	**9.9**	**2446.7**	**517.6**	**1004.6**	**228.1**	**3448.3**	**183.6**	**8.1**
恒山五台山土石山地区	7.3	2674.0	420.5	588.8	250.7	2995.8	158.3	11.0
太行山土石山地区	8.9	2510.1	515.2	791.3	317.6	3149.0	171.5	6.8
太行山山间盆地丘陵地区	10.5	2628.2	511.0	753.5	291.2	3639.9	199.5	19.0
太岳山土石山地区	10.9	2248.0	537.1	863.9	318.0	3690.0	195.3	1.7
太行山太岳山山间盆地丘陵地区	9.7	2385.7	532.5	884.7	319.1	3384.6	177.3	4.6
太行、太岳、中条山间盆地丘陵地区	11.4	2382.9	575.5	883.8	303.5	3794.6	194.5	8.6
中条山土石山地区	12.7	2255.2	560.0	924.7	308.2	4151.9	220.3	12.0

*据山西省108个气象站近30年(1978～2007年)数据统计结果。

表 5－14　山西省黄土高原地区综合治理分亚区和地区经济社会基本情况

亚区、地区名称	总人口（万人）	其中		农业劳动力	农村劳动力转移人数（万人）
		农业人口	占总人口(%)		
晋北黄土丘陵沟壑亚区	**467. 3568**	**237. 9974**	**50. 92**	**69. 7502**	**28. 4694**
晋西北黄土丘陵沟壑地区	72. 4635	50. 5539	69. 76	14. 5347	9. 2456
晋北黄土丘陵低山地区	150. 6419	69. 9735	46. 45	17. 8544	5. 9396
大同盆地平原地区	244. 2514	117. 4700	48. 09	37. 3611	13. 2842
晋西黄土丘陵沟壑亚区	**243. 5891**	**166. 8295**	**68. 49**	**48. 2154**	**35. 8630**
晋西黄土丘陵沟壑地区	177. 1721	117. 7184	66. 44	33. 0235	29. 9000
晋西黄土残垣沟壑地区	66. 4170	49. 1111	73. 94	15. 1919	5. 9630
中部河谷平原亚区	**1431. 2134**	**711. 9179**	**49. 74**	**264. 6190**	**130. 3111**
忻定盆地平原地区	144. 2892	83. 6508	57. 97	24. 8239	19. 3300
太原盆地平原地区	580. 5957	187. 6965	32. 33	72. 7457	52. 8400
临汾和运城盆地平原地区	706. 3285	440. 5706	62. 37	167. 0494	58. 1411
西部土石山亚区	**202. 3336**	**132. 2785**	**65. 38**	**37. 1223**	**35. 4500**
吕梁山土石山地区	168. 6713	106. 3235	63. 04	20. 1962	14. 4900
吕梁山山间黄土丘陵地区	33. 6623	25. 9550	77. 10	16. 9261	20. 9600
东部土石山亚区	**1048. 0841**	**649. 8075**	**62. 00**	**214. 1326**	**97. 3913**
恒山五台山土石山地区	131. 8318	97. 6678	74. 09	28. 0526	12. 5950
太行山土石山地区	194. 8741	146. 7992	75. 33	42. 5399	23. 0800
太行山山间盆地丘陵地区	131. 3744	55. 9892	42. 62	23. 9614	13. 5500
太岳山土石山地区	77. 7333	57. 9629	74. 57	17. 3690	9. 2550
太行山太岳山山间盆地丘陵地区	228. 3028	120. 1243	52. 62	40. 6991	19. 6813
太行、太岳、中条山间盆地丘陵地区	174. 8824	92. 6721	52. 99	33. 5661	10. 1700
中条山土石山地区	109. 0853	78. 5920	72. 05	27. 9445	9. 0600

* 农业劳动力和农村劳动力转移人数为本次调查数据，其余据《山西统计年鉴——2008》数据整理。

（续）

亚区、地区名称	地区生产总值（万元）	其中			人均地区生产总值（元/人）	农民人均纯收入（元）
		第一产业	第二产业	第三产业		
晋北黄土丘陵沟壑亚区	**5926721**	**539547**	**3223907**	**2163267**	**12681.36**	**3523.56**
晋西北黄土丘陵沟壑地区	840529	103157	442955	294417	11599.34	2033.70
晋北黄土丘陵低山地区	2344722	124006	1376725	843991	15564.87	4109.39
大同盆地平原地区	2741470	312384	1404227	1024859	11223.97	3815.78
晋西黄土丘陵沟壑亚区	**2634093**	**148108**	**1841794**	**644191**	**10813.67**	**1913.50**
晋西黄土丘陵沟壑地区	1902752	89963	1361031	451758	10739.57	1621.29
晋西黄土残垣沟壑地区	731341	58145	480763	192433	11011.35	2613.94
中部河谷平原亚区	**28863207**	**1548884**	**16377447**	**10936876**	**20166.95**	**4125.31**
忻定盆地平原地区	1249358	149234	618620	481504	8658.71	3179.16
太原盆地平原地区	17143006	546423	9591750	7004833	29526.58	4608.76
临汾和运城盆地平原地区	10470843	853227	6167077	3450539	14824.32	4099.00
西部土石山亚区	**2122622**	**148712**	**1311638**	**662272**	**10490.70**	**4497.22**
吕梁山土石山地区	1938352	118869	1221244	598239	11491.89	4845.44
吕梁山山间黄土丘陵地区	184270	29843	90394	64033	5474.08	3070.78
东部土石山亚区	**15682332**	**1020727**	**9625734**	**5035871**	**14962.86**	**3535.89**
恒山五台山土石山地区	718824	119165	334180	265479	5452.58	2486.58
太行山土石山地区	1888042	207375	1090269	590398	9688.52	2975.18
太行山山间盆地丘陵地区	2576622	51692	1562386	962544	19612.82	2318.20
太岳山土石山地区	1495392	94353	1058341	342698	19237.47	4617.75
太行山太岳山山间盆地丘陵地区	4342822	254576	2679414	1408832	19022.20	4753.28
太行、太岳、中条山间盆地丘陵地区	3495591	162840	2179717	1153034	19988.24	4743.13
中条山土石山地区	1165039	130726	721427	312886	10680.07	2672.54

* 据《山西统计年鉴——2008》数据整理。

表 5 – 15　山西省黄土高原地区综合治理分亚区和地区土地利用现状

亚区、地区名称	土地利用状况(km^2)							森林面积（万 hm^2）	森林覆盖率（%）
	土地总面积	耕地面积	园地面积	林地面积	草地面积	未利用地面积	其　他		
晋北黄土丘陵沟壑亚区	**27776.20**	**7779.48**	**138.06**	**8658.77**	**1586.96**	**6398.40**	**3214.53**	**34.04**	**12.25**
晋西北黄土丘陵沟壑地区	8817.06	2414.03	20.96	2711.53	351.87	2635.94	682.74	9.52	10.80
晋北黄土丘陵低山地区	7720.64	2206.81	12.91	2320.41	416.81	1809.35	954.35	11.61	15.03
大同盆地平原地区	11238.50	3158.64	104.19	3626.83	818.28	1953.11	1577.44	12.91	11.48
晋西黄土丘陵沟壑亚区	**22185.18**	**4371.72**	**236.58**	**8517.01**	**435.89**	**5412.86**	**3211.12**	**46.86**	**21.12**
晋西黄土丘陵沟壑地区	13105.97	3246.60	56.96	4894.65	181.03	2506.66	2220.07	24.53	18.72
晋西黄土残垣沟壑地区	9079.21	1125.12	179.62	3622.36	254.86	2906.20	991.05	22.33	24.59
中部河谷平原亚区	**34506.35**	**11509.67**	**1666.21**	**7101.95**	**729.62**	**8056.85**	**5442.04**	**56.46**	**16.36**
忻定盆地平原地区	7094.47	1994.33	200.53	1607.42	70.68	2501.07	720.44	9.38	13.22
太原盆地平原地区	11229.34	2943.61	413.09	2533.80	348.87	3037.84	1952.13	15.59	13.88
临汾和运城盆地平原地区	16182.54	6571.73	1052.59	2960.73	310.08	2517.94	2769.47	31.49	19.46
西部土石山亚区	**13946.34**	**2976.84**	**109.81**	**5863.04**	**1919.95**	**1853.71**	**1222.99**	**35.05**	**25.13**
吕梁山土石山地区	10379.47	2047.23	99.61	4567.74	1162.15	1567.61	935.13	31.74	30.58
吕梁山山间黄土丘陵地区	3566.87	929.61	10.20	1295.30	757.80	286.10	287.86	3.32	9.30
东部土石山亚区	**57856.94**	**11294.18**	**845.57**	**17144.12**	**3304.09**	**19115.00**	**6153.98**	**130.76**	**22.60**
恒山五台山土石山地区	11016.26	1909.82	42.21	2075.07	690.43	5413.98	884.75	20.23	18.36
太行山土石山地区	16865.03	2666.37	220.56	5191.22	866.84	6536.41	1383.63	35.71	21.17
太行山山间盆地丘陵地区	4517.00	730.36	68.54	1314.86	285.54	1690.51	427.19	4.59	10.16
太岳山土石山地区	7750.04	1314.07	54.13	3446.98	782.82	1438.33	713.71	27.99	36.11
太行山太岳山山间盆地丘陵地区	5966.85	2014.33	124.30	979.20	375.09	1263.65	1210.28	7.33	12.28
太行、太岳、中条山间盆地丘陵地区	5091.52	1358.61	103.62	1678.92	12.89	1173.51	763.97	13.35	26.22
中条山土石山地区	6650.23	1300.62	232.21	2457.87	290.47	1598.61	770.44	21.56	32.42

表 5-16 山西省黄土高原地区综合治理分亚区和地区水土流失状况

亚区、地区名称	水土流失面积(km^2)					
	合计	轻度*	中度	强度	极强度	剧烈
晋北黄土丘陵沟壑亚区	**19280.42**	**4695.59**	**4968.85**	**5448.65**	**2621.71**	**1545.62**
晋西北黄土丘陵沟壑地区	7568.42	1051.93	1149.18	1954.19	2055.50	1357.62
晋北黄土丘陵低山地区	5560.00	1534.53	1586.30	2103.75	255.42	80.00
大同盆地平原地区	6152.00	2109.13	2233.37	1390.71	310.79	108.00
晋西黄土丘陵沟壑亚区	**17539.00**	**1382.21**	**2025.94**	**4564.91**	**2581.45**	**6984.54**
晋西黄土丘陵沟壑地区	10375.00	658.74	1006.82	2718.40	1500.99	4490.10
晋西黄土残垣沟壑地区	7164.00	723.47	1019.12	1846.51	1080.46	2494.44
中部河谷平原亚区	**19592.70**	**7887.79**	**5980.02**	**4939.86**	**691.00**	**94.03**
忻定盆地平原地区	4421.70	2082.65	635.48	1461.19	242.38	
太原盆地平原地区	6241.00	2497.02	2664.64	1068.16	11.18	
临汾和运城盆地平原地区	8930.00	3308.12	2679.90	2410.51	437.44	94.03
西部土石山亚区	**9565.60**	**2894.86**	**2356.21**	**2643.05**	**969.54**	**701.94**
吕梁山土石山地区	6335.00	2002.66	1941.78	1448.25	526.79	415.51
吕梁山山间黄土丘陵地区	3230.60	892.20	414.43	1194.80	442.75	286.43
东部土石山亚区	**41920.28**	**17354.57**	**12792.00**	**10566.53**	**936.30**	**270.88**
恒山五台山土石山地区	7878.28	2727.68	1590.71	3087.22	472.67	
太行山土石山地区	12597.26	5125.56	4750.90	2720.80		
太行山山间盆地丘陵地区	3042.00	1083.60	1343.82	614.58		
太岳山土石山地区	5613.07	2642.84	1565.32	1404.91		
太行山太岳山山间盆地丘陵地区	4312.95	1332.10	1464.24	1516.61		
太行、太岳、中条山间盆地丘陵地区	3900.70	2471.67	924.18	504.85		
中条山土石山地区	4576.02	1971.12	1152.83	717.56	463.63	270.88

* 注释同表 2-9。

表 5－17　山西省黄土高原地区综合治理分亚区和地区耕地现状

亚区、地区名称	耕地总面积（万 hm^2）	占土地总面积（%）	耕地状况（万 hm^2）					
			5°以下	占耕地总面积（%）	5°～15°			
					小　计	占耕地总面积（%）	坡　地	梯　田
晋北黄土丘陵沟壑亚区	**77.7947**	**28.01**	**23.8405**	**30.65**	**32.5612**	**41.86**	**15.7119**	**16.8493**
晋西北黄土丘陵沟壑地区	24.1403	27.38	3.5188	14.58	10.0636	41.69	5.8233	4.2403
晋北黄土丘陵低山地区	22.0681	28.58	7.4010	33.54	7.6908	34.85	4.8721	2.8187
大同盆地平原地区	31.5863	28.11	12.9207	40.91	14.8068	46.88	5.0165	9.7903
晋西黄土丘陵沟壑亚区	**43.7172**	**19.71**	**7.8833**	**18.03**	**11.2993**	**25.85**	**7.9243**	**3.3750**
晋西黄土丘陵沟壑地区	32.4662	24.77	4.9051	15.11	7.1611	22.06	4.7854	2.3757
晋西黄土残垣沟壑地区	11.2511	12.39	2.9782	26.47	4.1382	36.78	3.1389	0.9993
中部河谷平原亚区	**115.0969**	**33.36**	**58.3531**	**50.70**	**45.9633**	**39.93**	**13.6567**	**32.3066**
忻定盆地平原地区	19.9433	28.11	4.8231	24.18	14.0957	70.68	6.2201	7.8756
太原盆地平原地区	29.4362	26.21	18.8721	64.11	6.7722	23.01	4.1981	2.5741
临汾和运城盆地平原地区	65.7175	40.61	34.6579	52.74	25.0954	38.19	3.2385	21.8569
西部土石山亚区	**29.7685**	**21.34**	**8.1728**	**27.45**	**13.6184**	**45.75**	**9.0900**	**4.5284**
吕梁山土石山地区	20.4722	19.72	8.1606	39.86	8.6288	42.15	7.1450	1.4838
吕梁山山间黄土丘陵地区	9.2962	26.06	0.0121	0.13	4.9896	53.67	1.9450	3.0446
东部土石山亚区	**112.9415**	**19.52**	**23.5053**	**20.81**	**58.8418**	**52.10**	**26.0691**	**32.7727**
恒山五台山土石山地区	19.0982	17.34	2.9917	15.66	9.0065	47.16	4.7469	4.2596
太行山土石山地区	26.6638	15.81	3.2260	12.10	17.2698	64.77	5.0069	12.2629
太行山山间盆地丘陵地区	7.3036	16.17	（0.0019）	（0.03）	4.2366	58.01	4.2366	
太岳山土石山地区	13.1406	16.96	4.7933	36.48	6.1013	46.43	2.7056	3.3957
太行山太岳山山间盆地丘陵地区	20.1430	33.76	4.0501	20.11	11.2666	55.93	5.9068	5.3598
太行、太岳、中条山间盆地丘陵地区	13.5860	26.68	3.8073	28.02	6.2477	45.99	2.5997	3.6480
中条山土石山地区	13.0062	19.56	4.6387	35.67	4.7133	36.24	0.8666	3.8467

（续）

亚区、地区名称	耕地状况（万 hm^2）									
	15°~25°				25°以上				有效灌溉面积（万 hm^2）	占耕地总面积（%）
	小计	占耕地总面积（%）	坡地	梯田	小计	占耕地总面积（%）	坡地	梯田		
晋北黄土丘陵沟壑亚区	**13.6859**	**17.59**	**10.9413**	**2.7446**	**7.7071**	**9.91**	**6.0351**	**1.6720**	**19.1523**	**24.62**
晋西北黄土丘陵沟壑地区	5.0342	20.85	4.2802	0.7540	5.5237	22.88	4.2808	1.2429	0.8515	3.53
晋北黄土丘陵低山地区	6.6270	30.03	5.2379	1.3891	0.3493	1.58	0.3370	0.0123	2.5937	11.75
大同盆地平原地区	2.0247	6.41	1.4232	0.6015	1.8341	5.81	1.4173	0.4168	15.7070	49.73
晋西黄土丘陵沟壑亚区	**15.3277**	**35.06**	**12.1546**	**3.1731**	**9.2070**	**21.06**	**8.6035**	**0.6035**	**2.1228**	**4.86**
晋西黄土丘陵沟壑地区	12.0596	37.15	9.3996	2.6600	8.3404	25.69	7.7563	0.5841	1.7103	5.27
晋西黄土残垣沟壑地区	3.2681	29.05	2.7550	0.5131	0.8666	7.70	0.8472	0.0194	0.4125	3.67
中部河谷平原亚区	**8.2236**	**7.15**	**4.4022**	**3.8214**	**2.5570**	**2.22**	**1.6685**	**0.8885**	**56.9942**	**49.52**
忻定盆地平原地区	0.7270	3.65	0.5647	0.1623	0.2975	1.49	0.2549	0.0426	6.0547	30.36
太原盆地平原地区	3.1132	10.58	1.8975	1.2157	0.6787	2.31	0.6684	0.0103	16.2326	55.14
临汾和运城盆地平原地区	4.3834	6.67	1.9400	2.4434	1.5808	2.41	0.7452	0.8356	34.7069	52.81
西部土石山亚区	**6.6432**	**22.32**	**5.7950**	**0.8482**	**1.3341**	**4.48**	**1.2865**	**0.0476**	**7.4400**	**24.99**
吕梁山土石山地区	3.1178	15.23	2.7909	0.3269	0.5650	2.76	0.5393	0.0257	7.0646	34.51
吕梁山山间黄土丘陵地区	3.5254	37.92	3.0041	0.5213	0.7691	8.27	0.7472	0.0219	0.3754	4.04
东部土石山亚区	**25.8955**	**22.93**	**15.0631**	**10.8324**	**4.6989**	**4.16**	**2.9747**	**1.7242**	**23.1498**	**20.50**
恒山五台山土石山地区	5.6962	29.83	4.8624	0.8338	1.4038	7.35	1.2729	0.1309	4.8714	25.51
太行山土石山地区	5.7418	21.53	2.3256	3.4162	0.4262	1.60	0.1399	0.2863	2.7286	10.23
太行山山间盆地丘陵地区	2.7730	37.97	2.7730		0.2959	4.05	0.2959		0.7880	10.79
太岳山土石山地区	1.7729	13.49	0.5290	1.2439	0.4731	3.60	0.1477	0.3254	1.7691	13.46
太行山太岳山山间盆地丘陵地区	4.2438	21.07	2.4851	1.7587	0.5825	2.89	0.4188	0.1637	5.2259	25.94
太行、太岳、中条山间盆地丘陵地区	3.1100	22.89	0.8268	2.2832	0.4210	3.10	0.0199	0.4011	2.9110	21.43
中条山土石山地区	2.5578	19.67	1.2612	1.2966	1.0964	8.43	0.6796	0.4168	4.8558	37.33

表 5－18　山西省黄土高原地区综合治理分亚区和地区水资源现状

亚区、地区名称	水资源总量（地表水、地下水，万 m^3）	人均水量（m^3/人）	耕地平均水量（万 m^3/hm^2）	地表水年径流量（万 m^3）	地下水资源（万 m^3）	地下水资源可开采量（万 m^3）
晋北黄土丘陵沟壑亚区	**176365.20**	**377.37**	**0.2267**	**73827.15**	**140543.40**	**94485.70**
晋西北黄土丘陵沟壑地区	54709.00	754.99	0.2266	13463.00	41992.00	23702.70
晋北黄土丘陵低山地区	48503.08	321.98	0.2198	25453.80	34037.14	14627.58
大同盆地平原地区	73153.12	299.50	0.2316	34910.35	64514.26	56155.42
晋西黄土丘陵沟壑亚区	**114246.74**	**469.01**	**0.2613**	**76213.82**	**70371.32**	**17930.95**
晋西黄土丘陵沟壑地区	67440.74	380.65	0.2077	48170.82	40330.32	12380.35
晋西黄土残垣沟壑地区	46806.00	704.73	0.4160	28043.00	30041.00	5550.60
中部河谷平原亚区	**310346.14**	**216.84**	**0.2696**	**174326.10**	**258733.56**	**229045.78**
忻定盆地平原地区	62976.00	436.46	0.3158	36535.00	45458.00	33015.00
太原盆地平原地区	98346.14	169.39	0.3341	37949.10	89449.56	68369.08
临汾和运城盆地平原地区	149024.00	210.98	0.2268	99842.00	123826.00	127661.70
西部土石山亚区	**102535.12**	**506.76**	**0.3444**	**72950.07**	**69077.13**	**20707.67**
吕梁山土石山地区	80929.07	479.80	0.3953	58408.02	59339.70	19981.67
吕梁山山间黄土丘陵地区	21606.05	641.85	0.2324	14542.05	9737.42	726.00
东部土石山亚区	**576200.81**	**549.77**	**0.5102**	**480624.85**	**366361.60**	**159863.83**
恒山五台山土石山地区	83742.81	635.22	0.4385	72713.85	64229.60	17930.23
太行山土石山地区	163226.00	837.60	0.6122	136216.00	94860.00	29690.00
太行山山间盆地丘陵地区	43645.00	332.22	0.5976	52171.00	28218.00	28344.00
太岳山土石山地区	76990.00	990.44	0.5859	54427.00	44657.00	12233.60
太行山太岳山山间盆地丘陵地区	59926.00	262.48	0.2975	45955.00	34856.00	26974.00
太行、太岳、中条山间盆地丘陵地区	79371.00	453.85	0.5842	64269.00	62197.00	34351.00
中条山土石山地区	69300.00	635.28	0.5328	54873.00	37344.00	10341.00

表5－19　山西省黄土高原地区综合治理分亚区和地区水资源利用现状

亚区、地区名称	现有蓄引提水工程（处）	开发利用地表水资源（万 m^3）	开发利用地表水资源占地表水资源量（%）	机井、基本井、土筒井（眼）	开发利用地下水资源（万 m^3）	开发利用地下水资源占地下水资源量（%）	水资源开发利用总量（万 m^3）
晋北黄土丘陵沟壑亚区	**36**	**32955.98**	**44.64**	**13513**	**54469.55**	**38.76**	**85667.40**
晋西北黄土丘陵沟壑地区	2	3317.60	24.64	470	2644.45	6.30	5962.05
晋北黄土丘陵低山地区	9	2164.36	8.50	1801	21107.16	62.01	18517.38
大同盆地平原地区	25	27474.02	78.70	11242	30717.94	47.61	61187.97
晋西黄土丘陵沟壑亚区	**8**	**8815.10**	**11.57**	**702**	**7964.60**	**11.32**	**16478.06**
晋西黄土丘陵沟壑地区	8	7028.10	14.59	666	6999.60	17.36	13726.06
晋西黄土残垣沟壑地区	0	1787.00	6.37	36	965.00	3.21	2752.00
中部河谷平原亚区	**104**	**92499.79**	**53.06**	**51971**	**216114.70**	**83.53**	**309516.13**
忻定盆地平原地区	24	11031.90	30.20	5853	26292.00	57.84	37323.90
太原盆地平原地区	26	29350.89	77.34	14185	82004.70	91.68	112258.23
临汾和运城盆地平原地区	54	52117.00	52.20	31933	107818.00	87.07	159934.00
西部土石山亚区	**8**	**14512.41**	**19.89**	**5238**	**22794.80**	**33.00**	**37107.81**
吕梁山土石山地区	6	13269.25	22.72	4964	21428.58	36.11	34476.95
吕梁山山间黄土丘陵地区	2	1243.16	8.55	274	1366.22	14.03	2630.86
东部土石山亚区	**89**	**72286.93**	**15.04**	**14948**	**62669.05**	**17.11**	**146247.51**
恒山五台山土石山地区	27	10911.30	15.01	2272	9805.10	15.27	22474.53
太行山土石山地区	16	11912.29	8.75	941	5732.40	6.04	19334.69
太行山山间盆地丘陵地区	1	13462.00	25.80	727	6101.00	21.62	19563.00
太岳山土石山地区	5	2168.00	3.98	1095	3680.94	8.24	5848.94
太行山太岳山山间盆地丘陵地区	22	15971.34	34.75	6747	12825.61	36.80	29540.35
太行、太岳、中条山间盆地丘陵地区	8	7761.00	12.08	1130	16789.00	26.99	30972.00
中条山土石山地区	10	10101.00	18.41	2036	7735.00	20.71	18514.00

表 5－20　山西省黄土高原地区综合治理分亚区和地区需要治理的土地基本情况

亚区、地区名称	需要采取林业措施治理的土地(万 hm^2)				需要采取牧业措施治理的土地(万 hm^2)			
	总面积	人工造林	封山育林	飞播造林	总面积	适宜改良利用面积*	适宜围栏封育治理面积**	适宜人工种草面积
晋北黄土丘陵沟壑亚区	**65.5326**	**33.0300**	**25.1809**	**7.3217**	**32.9393**	**11.6067**	**8.1333**	**13.1993**
晋西北黄土丘陵沟壑地区	26.9666	17.7082	9.0033	0.2550	19.9193	6.6800	3.7020	9.5373
晋北黄土丘陵低山地区	15.9279	7.8368	6.6244	1.4667	4.6133	1.9467	0.9333	1.7333
大同盆地平原地区	22.6381	7.4850	9.5532	5.6000	8.4067	2.9800	3.4980	1.9287
晋西黄土丘陵沟壑亚区	**64.2929**	**44.6621**	**19.2108**	**0.4200**	**58.8467**	**27.4133**	**16.3934**	**15.0400**
晋西黄土丘陵沟壑地区	41.7152	30.7248	10.7904	0.2000	34.8267	13.8133	12.0267	8.9867
晋西黄土残垣沟壑地区	22.5777	13.9373	8.4204	0.2200	24.02	13.6000	4.3667	6.0533
中部河谷平原亚区	**62.1156**	**37.8228**	**22.7842**	**1.5086**	**47.3687**	**24.0120**	**10.7433**	**12.6134**
忻定盆地平原地区	12.2140	7.4541	4.4199	0.3400	8.4987	6.0493	0.3427	2.1067
太原盆地平原地区	23.5798	14.4876	8.7368	0.3553	24.482	12.5640	5.9113	6.0067
临汾和运城盆地平原地区	26.3219	15.8811	9.6275	0.8133	14.388	5.3987	4.4893	4.5000
西部土石山亚区	**27.6932**	**14.1561**	**13.4431**	**0.0940**	**36.6001**	**13.9134**	**11.0067**	**11.6800**
吕梁山土石山地区	22.0292	11.4363	10.4989	0.0940	19.0067	8.0267	5.2467	5.7333
吕梁山山间黄土丘陵地区	5.6640	2.7198	2.9442		17.5934	5.8867	5.7600	5.9467
东部土石山亚区	**126.2990**	**61.0642**	**60.8348**	**4.4000**	**79.8293**	**40.9041**	**16.7053**	**22.2199**
恒山五台山土石山地区	32.2544	12.1198	18.2613	1.8733	29.4733	13.1613	8.9787	7.3333
太行山土石山地区	33.9908	20.2720	12.7189	1.0000	18.14	9.7867	2.4533	5.9000
太行山山间盆地丘陵地区	13.3213	7.5213	5.8000					
太岳山土石山地区	17.4189	7.3111	9.5811	0.5267	7.6293	3.0360	2.0800	2.5133
太行山太岳山山间盆地丘陵地区	12.4620	7.3631	4.9256	0.1733	4.9334	2.6667	1.0667	1.2000
太行、太岳、中条山间盆地丘陵地区	3.1684	1.6963	1.4721		5.5333	3.6667	0.5333	1.3333
中条山土石山地区	13.6833	4.7806	8.0759	0.8267	14.12	8.5867	1.5933	3.9400

* 指通过飞播、补播等人工措施之后,可以开发利用的轻度和中度退化草地面积。

* * 指近期内不能利用,以生态保护为主要目的的重度退化草地面积。

表5－21 山西省黄土高原地区综合治理分亚区和地区近期(2008～2015年)建设任务

亚区、地区名称	林草植被保护和建设					畜牧业建设					
	合 计	封山育林 (万 hm^2)	封山育草 (万 hm^2)	人工造林 (万 hm^2)	飞播造林 (万 hm^2)	合 计	人工种草 (万 hm^2)	改良草地 (万 hm^2)	棚圈建设 (万 m^2)	饲草机械 (万台)	青贮窖 (万 m^3)
晋北黄土丘陵沟壑亚区	**38.70**	**12.80**	**6.11**	**17.52**	**2.27**	**13.41**	**6.97**	**6.44**	**288.18**	**16.72**	**357.68**
晋西北黄土丘陵沟壑地区	15.00	4.43	2.87	7.70		4.92	2.6	2.32	62.58	2.62	67.62
晋北黄土丘陵低山地区	8.53	3.03	0.47	4.63	0.40	4.37	2.7	1.67	75.60	5.40	75.06
大同盆地平原地区	15.17	5.34	2.77	5.19	1.87	4.12	1.67	2.45	150.00	8.70	215.00
晋西黄土丘陵沟壑亚区	**35.67**	**8.00**	**2.00**	**25.47**	**0.20**	**14.46**	**6.1**	**8.36**	**224.45**	**7.88**	**104.85**
晋西黄土丘陵沟壑地区	25.44	5.37	0.67	19.20	0.20	6.83	2.7	4.13	135.00	4.86	65.60
晋西黄土残垣沟壑地区	10.23	2.63	1.33	6.27		7.63	3.4	4.23	89.45	3.02	39.25
中部河谷平原亚区	**65.78**	**33.65**	**5.83**	**25.73**	**0.57**	**16.48**	**7.29**	**9.19**	**340.50**	**13.31**	**332.20**
忻定盆地平原地区	13.05	2.78	1.07	8.76	0.44	2.68	1.12	1.56	40.00	3.04	70.00
太原盆地平原地区	12.97	3.78	0.87	8.32		6.45	2.98	3.47	147.80	5.42	155.70
临汾和运城盆地平原地区	39.77	27.10	3.89	8.65	0.13	7.35	3.19	4.16	152.70	4.85	106.50
西部土石山亚区	**19.39**	**6.11**	**3.80**	**9.48**		**8.90**	**3.7**	**5.2**	**144.00**	**4.96**	**116.10**
吕梁山土石山地区	13.69	4.99	0.80	7.90		6.24	2.37	3.87	109.00	4.31	107.50
吕梁山山间黄土丘陵地区	5.71	1.12	3.00	1.59		2.66	1.33	1.33	35.00	0.65	8.60
东部土石山亚区	**63.37**	**21.99**	**12.63**	**27.09**	**1.66**	**26.20**	**12.2**	**14**	**460.60**	**20.59**	**299.93**
恒山五台山土石山地区	15.96	6.32	4.36	5.15	0.13	5.92	2.85	3.07	107.00	7.64	49.00
太行山土石山地区	14.95	4.59		9.83	0.53	7.83	3.78	4.05	121.10	4.86	77.68
太行山山间盆地丘陵地区	3.94	1.42		1.85	0.67	0.08	0.07	0.01	20.00	0.10	1.00
太岳山土石山地区	14.28	4.01	6.67	3.41	0.19	4.63	2.7	1.93	41.00	4.45	28.60
太行山太岳山山间盆地丘陵地区	5.38	2.15		3.23		1.08	0.34	0.74	78.50	0.26	81.65
太行、太岳、中条山间盆地丘陵地区	1.46	0.50		0.96		1.66	0.73	0.93	38.00	1.15	19.00
中条山土石山地区	7.40	3.00	1.60	2.66	0.14	5.00	1.73	3.27	55.00	2.14	43.00

（续）

分区名称	淤地坝建设（座）			生产坝（座）	堤防工程（km）	沟滩地建设（万 hm^2）	坡改梯（万 hm^2）	水窖（眼）	水源及节水配套工程（处）	农田旱作节水设施建设（万 hm^2）	农村能源建设		
	合　计	骨干坝	中小型坝								太阳能（万户）	沼气池（万户）	节柴灶（万户）
晋北黄土丘陵沟壑亚区	**2158**	**412**	**1746**	**7481**	**500**	**1.50**	**5.77**	**16643**	**2361**	**4.35**	**32.75**	**23.55**	**25.10**
晋西北黄土丘陵沟壑地区	1520	288	1232	5247	349	1.05	3.53	7480	373	0.70	5.00	4.05	3.10
晋北黄土丘陵低山地区	235	53	182	897	60	0.18	1.13	3638	742	1.37	4.50	3.50	5.00
大同盆地平原地区	403	71	332	1337	91	0.27	1.10	5525	1246	2.28	23.25	16.00	17.00
晋西黄土丘陵沟壑亚区	**2852**	**592**	**2260**	**10372**	**688**	**2.07**	**5.33**	**13430**	**1301**	**2.19**	**9.80**	**12.03**	**10.25**
晋西黄土丘陵沟壑地区	1442	302	1140	5271	350	1.05	4.00	6630	443	0.75	6.70	4.25	6.55
晋西黄土残垣沟壑地区	1410	290	1120	5101	338	1.02	1.33	6800	858	1.44	3.10	7.78	3.70
中部河谷平原亚区	**1077**	**195**	**882**	**3623**	**242**	**0.73**	**2.10**	**26622**	**7845**	**12.38**	**65.03**	**59.43**	**38.45**
忻定盆地平原地区	25	3	22	68	5	0.01	0.20	2040	1092	2.05	4.55	4.45	5.90
太原盆地平原地区	449	77	372	1469	100	0.29	1.23	10982	2355	2.82	20.10	9.20	8.00
临汾和运城盆地平原地区	603	115	488	2086	137	0.42	0.67	13600	4398	7.52	40.38	45.78	24.55
西部土石山亚区	**1056**	**220**	**836**	**3848**	**257**	**0.77**	**2.93**	**5100**	**1469**	**2.49**	**5.56**	**2.80**	**2.22**
吕梁山土石山地区	666	138	528	2419	162	0.48	1.73	3910	1235	2.05	1.66	1.40	1.37
吕梁山山间黄土丘陵地区	390	82	308	1429	95	0.29	1.20	1190	234	0.44	3.90	1.40	0.85
东部土石山亚区	**1010**	**206**	**804**	**3635**	**241**	**0.73**	**6.21**	**31620**	**7644**	**11.44**	**54.12**	**47.89**	**30.90**
恒山五台山土石山地区	115	18	97	357	25	0.07	1.81	2210	730	1.38	10.40	10.87	9.15
太行山土石山地区	228	43	185	786	53	0.16	1.93	9197	2061	2.75	14.32	12.17	8.00
太行山山间盆地丘陵地区	70	14	56	249	16	0.05		3060	692	0.74	1.50	2.00	2.10
太岳山土石山地区	180	37	143	651	43	0.13	0.80	3485	1119	1.30	3.10	3.15	1.95
太行山太岳山山间盆地丘陵地区	111	19	92	363	24	0.07	0.87	6120	1366	2.32	8.10	6.80	2.40
太行、太岳、中条山间盆地丘陵地区	104	18	86	342	23	0.07	0.20	4080	768	1.45	7.00	9.40	0.10
中条山土石山地区	202	57	145	887	58	0.18	0.60	3468	908	1.50	9.70	3.50	7.20

表5－22 山西省黄土高原地区综合治理分亚区和地区远期(2016～2030年)建设任务

亚区、地区名称	林草植被保护和建设					畜牧业建设					
	合 计	封山育林（万 hm^2）	封山育草（万 hm^2）	人工造林（万 hm^2）	飞播造林（万 hm^2）	合 计	人工种草（万 hm^2）	改良草地（万 hm^2）	棚圈建设（万 m^2）	饲草机械（万台）	青贮窖（万 m^3）
晋北黄土丘陵沟壑亚区	**32.78**	**10.99**	**2.74**	**17.45**	**1.60**	**10.42**	**5.42**	**5.00**	**312.32**	**10.87**	**247.82**
晋西北黄土丘陵沟壑地区	16.63	4.94	0.80	10.89		4.25	2.43	1.82	72.72	2.17	61.77
晋北黄土丘陵低山地区	8.12	3.70	0.27	3.75	0.40	2.64	1.59	1.05	74.60	2.14	35.05
大同盆地平原地区	8.02	2.35	1.67	2.80	1.20	3.53	1.40	2.13	165.00	6.56	151.00
晋西黄土丘陵沟壑亚区	**24.30**	**6.69**	**1.33**	**15.95**	**0.33**	**9.11**	**3.86**	**5.25**	**188.15**	**3.74**	**117.57**
晋西黄土丘陵沟壑地区	13.93	2.85	1.00	9.75	0.33	4.35	1.77	2.58	102.00	2.58	95.05
晋西黄土残垣沟壑地区	10.37	3.84	0.33	6.20		4.76	2.09	2.67	86.15	1.16	22.52
中部河谷平原亚区	**35.62**	**11.29**	**5.43**	**18.11**	**0.79**	**13.66**	**6.26**	**7.40**	**344.70**	**10.41**	**234.50**
忻定盆地平原地区	6.00	0.72	0.80	4.18	0.30	2.54	1.35	1.19	50.00	1.47	39.00
太原盆地平原地区	15.58	7.17	1.60	6.45	0.36	4.33	2.13	2.20	128.30	6.28	111.60
临汾和运城盆地平原地区	14.04	3.40	3.03	7.48	0.13	6.79	2.78	4.01	166.40	2.67	83.90
西部土石山亚区	**14.80**	**4.29**	**3.87**	**6.64**		**6.45**	**2.25**	**4.20**	**124.00**	**2.95**	**82.80**
吕梁山土石山地区	10.23	3.17	1.40	5.66		4.45	1.25	3.20	99.00	2.49	68.20
吕梁山山间黄土丘陵地区	4.57	1.12	2.47	0.98		2.00	1.00	1.00	25.00	0.46	14.60
东部土石山亚区	**67.10**	**25.63**	**13.01**	**27.34**	**1.12**	**19.01**	**7.65**	**11.36**	**410.70**	**12.80**	**207.65**
恒山五台山土石山地区	17.73	6.32	5.23	6.11	0.07	4.13	1.40	2.73	83.00	3.36	35.50
太行山土石山地区	15.50	7.06		7.97	0.47	5.58	2.39	3.19	122.60	2.61	43.20
太行山山间盆地丘陵地区	7.58	3.00		4.58		0.04	0.03	0.01	20.00	0.08	0.80
太岳山土石山地区	13.05	4.07	5.30	3.35	0.33	2.84	1.47	1.37	37.30	2.63	18.60
太行山太岳山山间盆地丘陵地区	4.98	1.80	0.67	2.51		2.25	0.86	1.39	66.30	1.65	60.95
太行、太岳、中条山间盆地丘陵地区	1.36	0.73		0.63		1.40	0.47	0.93	32.00	1.05	12.00
中条山土石山地区	6.89	2.64	1.81	2.19	0.25	2.77	1.03	1.74	49.50	1.42	36.60

（续）

分区名称	淤地坝建设（座）			生产坝（座）	堤防工程（km）	沟滩地建设（万 hm^2）	坡改梯（万 hm^2）	水窖（眼）	水源及节水配套工程（处）	农田旱作节水设施建设（万 hm^2）	农村能源建设		
	合　计	骨干坝	中小型坝								太阳能（万户）	沼气池（万户）	节柴灶（万户）
晋北黄土丘陵沟壑亚区	**2039**	**404**	**1635**	**7213**	**479**	**1.44**	**4.23**	**10320**	**4349**	**2.37**	**16.95**	**12.36**	**14.58**
晋西北黄土丘陵沟壑地区	1464	293	1171	5215	347	1.04	2.27	4680	700	0.37	3.20	3.19	1.83
晋北黄土丘陵低山地区	275	55	220	973	63	0.20	0.93	2640	1366	0.75	3.00	1.77	2.70
大同盆地平原地区	300	56	244	1025	69	0.21	1.03	3000	2283	1.25	10.75	7.40	10.05
晋西黄土丘陵沟壑亚区	**2727**	**525**	**2202**	**9507**	**634**	**1.90**	**2.87**	**10200**	**2195**	**1.29**	**6.15**	**8.82**	**6.35**
晋西黄土丘陵沟壑地区	1417	275	1142	4960	331	0.99	2.00	5640	753	0.44	4.35	3.90	4.80
晋西黄土残垣沟壑地区	1310	250	1060	4547	303	0.91	0.87	4560	1442	0.85	1.80	4.92	1.55
中部河谷平原亚区	**751**	**155**	**596**	**2724**	**183**	**0.54**	**1.25**	**17352**	**12388**	**7.85**	**53.52**	**48.26**	**36.50**
忻定盆地平原地区							0.10	1284	2050	1.09	5.77	3.19	3.64
太原盆地平原地区	296	64	232	1103	73	0.22	0.69	6696	2817	2.36	15.50	20.53	5.80
临汾和运城盆地平原地区	455	91	364	1621	110	0.32	0.47	9372	7521	4.39	32.25	24.54	27.06
西部土石山亚区	**823**	**167**	**656**	**2955**	**196**	**0.59**	**1.73**	**4284**	**2494**	**1.47**	**3.07**	**1.49**	**2.23**
吕梁山土石山地区	508	104	404	1834	121	0.37	1.07	2484	2054	1.24	2.22	0.75	1.58
吕梁山山间黄土丘陵地区	315	63	252	1121	75	0.22	0.67	1800	440	0.23	0.85	0.74	0.65
东部土石山亚区	**870**	**174**	**696**	**3085**	**208**	**0.62**	**3.89**	**24732**	**11441**	**7.65**	**32.68**	**32.95**	**19.60**
恒山五台山土石山地区	60	12	48	213	15	0.04	0.97	1500	1380	0.74	3.60	3.77	2.15
太行山土石山地区	195	39	156	687	47	0.14	1.27	7572	2750	2.05	8.38	6.69	5.35
太行山山间盆地丘陵地区	90	18	72	319	21	0.06		1920	738	0.69	0.70	1.00	1.00
太岳山土石山地区	135	27	108	479	33	0.10	0.50	2340	1299	1.12	1.50	3.10	1.20
太行山太岳山山间盆地丘陵地区	75	15	60	266	18	0.05	0.50	4560	2324	1.37	6.40	9.25	2.10
太行、太岳、中条山间盆地丘陵地区	95	19	76	338	22	0.07	0.20	3120	1450	0.77	7.00	8.00	
中条山土石山地区	220	44	176	783	52	0.16	0.45	3720	1500	0.91	5.10	1.15	7.80

第 6 章

投资估算与效益分析

6.1 投资估算

6.1.1 估算依据

①国家现行相关工程造林营林预算办法和《水土保持工程概算定额》(水利部水总【2003】67 号)。②山西课题组比照国家类似标准，对国家未规定项目的暂定预算指标。③目前若干生态工程的实际所需投资。

6.1.2 投资估算

6.1.2.1 总投资规模

本项目总投资估算 1252.57 亿元(表 6－1)，其中：治理措施总投资 1074.07 亿元，占总投资 85.80%；建设管理费 26.87 亿元，占总投资 2.15%；工程建设监理费 5.37 亿元，占总投资 0.43%；科研勘测设计费 42.99 亿元，占总投资 3.43%，监测费 21.49 亿元，占总投资 1.72%，工程质量监督费 21.49 亿元，占总投资 1.72%，技术支持培训费 5.37 亿元，占总投资 0.43%，基本预备费 59.65 亿元，占总投资 4.76%。

表 6－1　山西省黄土高原地区综合治理工程投资估算及所占比例

序 号	措 施	单 位	单 价 (万元)	数 量	合计 (亿元)	占总投资 (%)
一	治理措施总投资				1074.70	85.80
1	植被保护和建设				312.45	24.95

（续）

序　号	措　施	单　位	单价 （万元）	数　量	合计 （亿元）	占总投资 （%）
(1)	封山育林	万 hm^2	1800	141.45	25.46	2.03
(2)	人工造林	万 hm^2	7500	190.74	143.06	11.42
(3)	植被管护	万 hm^2/a	150	388.09	133.89	10.69
(4)	封山育草	万 hm^2	1500	56.72	8.51	0.68
(5)	飞播造林	万 hm^2	1800	8.55	1.54	0.12
2	畜牧业建设				218.92	17.48
(1)	人工种草	万 hm^2	3000	61.71	18.52	1.48
(2)	改良草地	万 hm^2	1500	76.41	11.46	0.92
(3)	棚圈建设	万 m^2	500	2837.60	141.88	11.33
(4)	饲草机械	万台	2500	104.22	26.06	2.08
(5)	青贮窖	万 m^3	100	2101.10	21.01	1.68
3	农田水利建设				444.27	35.47
(1)	骨干坝	座	200	3050.00	61.00	4.87
(2)	中型坝	座	80	2462.00	19.70	1.57
(3)	小型坝	座	20	9850.00	19.70	1.57
(4)	生产坝	座	5	54443.00	27.22	2.17
(5)	坡改梯	万 hm^2	12000	36.32	43.58	3.48
(6)	水窖	万眼	5000	16.0303	8.02	0.64
(7)	农田旱作节水设施	万 hm^2	7500	53.50	40.13	3.20
(8)	沟滩地建设	万 hm^2	75000	10.90	81.68	6.52
(9)	堤防工程	km	100	3628.00	36.28	2.90
(10)	水源及节水配套工程	处	20	53487.00	106.97	8.54
4	农村能源建设				99.06	7.91
(1)	太阳能	万台	2500	279.63	69.91	5.58
(2)	沼气池	万口	1000	249.58	24.96	1.99
(3)	节柴灶	万口	225	186.18	4.19	0.33
二	独立费用	11%			118.22	9.44
1	建设管理费	2.5%			26.87	2.15
(1)	项目经常费	2.0%			21.49	1.72
(2)	技术支持培训费	0.5%			5.37	0.43
2	工程建设监理费	0.5%			5.37	0.43
3	科研勘测设计费	4%			42.99	3.43
4	监测费	2%			21.49	1.72
5	工程质量监督费	2%			21.49	1.72
一、二部分合计					1192.92	95.24
静态总投资					1192.92	95.24
基本预备费		5%			59.65	4.76
总投资					1252.57	100

6.1.2.2 分期投资规模

①近期投资估算为641.99亿元(表6-2),其中治理措施投资550.83亿元,占近期总投资的85.80%;建设管理费13.77亿元,占近期总投资2.15%;工程建设监理费2.75亿元,占近期总投资0.43%;科研勘测设计费22.03亿元,占近期总投资3.43%;监测费11.02亿元,占近期总投资1.72%;工程质量监督费11.02亿元,占近期总投资1.72%;技术支持培训费2.75亿元,占近期总投资0.43%,基本预备费30.57亿元,占近期总投资4.76%。

②远期投资估算为610.58亿元(表6-3),其中治理措施投资523.88亿元,占远期总投资85.80%;建设管理费13.10亿元,占远期总投资2.15%;工程建设监理费2.62亿元,占远期总投资0.43%;科研勘测设计费20.96亿元,占远期总投资3.43%;监测费10.48亿元,占远期总投资1.72%;工程质量监督费10.48亿元,占远期总投资1.72%;技术支持培训费2.62亿元,占远期总投资0.43%,基本预备费29.08亿元,占远期总投资4.76%。

表6-2 山西省黄土高原地区综合治理工程近期投资估算及所占比例

序号	措施	单位	单价(万元)	数量	合计(亿元)	占总投资(%)
一	治理措施总投资				550.83	85.80
1	植被保护和建设				145.80	22.71
(1)	封山育林	万 hm^2	1800	82.56	14.86	2.31
(2)	人工造林	万 hm^2	7500	105.29	78.97	12.30
(3)	植被管护	万 hm^2/a	150	388.09	46.57	7.25
(4)	封山育草	万 hm^2	1500	30.36	4.55	0.71
(5)	飞播造林	万 hm^2	1800	4.70	0.85	0.13
2	畜牧业建设				118.22	18.41
(1)	人工种草	万 hm^2	3000	36.27	10.88	1.69
(2)	改良草地	万 hm^2	1500	43.19	6.48	1.01
(3)	棚圈建设	万 m^2	500	1457.73	72.89	11.35
(4)	饲草机械	万台	2500	63.46	15.87	2.47
(5)	青贮窖	万 m^3	100	1210.76	12.11	1.89
3	农田水利建设				228.02	35.52
(1)	骨干坝	座	200	1625	32.50	5.06
(2)	中型坝	座	80	1305	10.44	1.63

（续）

序 号	措 施	单 位	单价（万元）	数 量	合计（亿元）	占总投资（%）
(3)	小型坝	座	20	5222	10.44	1.63
(4)	生产坝	座	5	28959	14.48	2.26
(5)	坡改梯	万 hm^2	12000	22.35	26.82	4.18
(6)	水窖	万眼	5000	9.3415	4.67	0.73
(7)	农田旱作节水设施	万 hm^2	7500	32.86	24.65	3.84
(8)	沟滩地建设	万 hm^2	75000	5.80	43.50	6.78
(9)	堤防工程	km	100	1928	19.28	3.00
(10)	水源及节水配套工程	处	20	20620	41.24	6.42
4	农村能源建设				58.79	9.16
(1)	太阳能	万台	2500	167.26	41.82	6.51
(2)	沼气池	万口	1000	145.7	14.57	2.27
(3)	节柴灶	万口	225	106.92	2.41	0.37
二	独立费用	11%			60.59	9.44
1	建设管理费	2.5%			13.77	2.15
(1)	项目经常费	2.0%			11.02	1.72
(2)	技术支持培训费	0.5%			2.75	0.43
2	工程建设监理费	0.5%			2.75	0.43
3	科研勘测设计费	4%			22.03	3.43
4	监测费	2%			11.02	1.72
5	工程质量监督费	2%			11.02	1.72
一、二部分合计					611.42	95.24
静态总投资					611.42	95.24
基本预备费		5%			30.57	4.76
总投资					641.99	100

表 6－3　山西省黄土高原地区综合治理工程远期投资估算及所占比例

序 号	措 施	单 位	单价（万元）	数 量	合计（亿元）	占总投资（%）
一	治理措施总投资				523.88	85.80
1	植被保护和建设				166.666	27.30
(1)	封山育林	万 hm^2	1800	58.90	10.60	1.74
(2)	人工造林	万 hm^2	7500	85.46	64.10	10.50
(3)	植被管护	万 hm^2/a	150	388.09	87.32	14.30
(4)	封山育草	万 hm^2	1500	26.36	3.95	0.65

（续）

序　号	措　施	单　位	单价（万元）	数　量	合计（亿元）	占总投资（%）
(5)	飞播传林	万 hm^2	1800	3.84	0.69	0.11
2	畜牧业建设				100.71	16.49
(1)	人工种草	万 hm^2	3000	25.45	7.64	1.25
(2)	改良草地	万 hm^2	1500	33.22	4.98	0.82
(3)	棚圈建设	万 m^2	500	1379.87	68.99	11.30
(4)	饲草机械	万台	2500	40.763	10.19	1.67
(5)	青贮窖	万 m^3	100	890.34	8.90	1.46
3	农田水利建设				216.32	35.42
(1)	骨干坝	座	200	1425	28.50	4.67
(2)	中型坝	座	80	1157	9.26	1.52
(3)	小型坝	座	20	4628	9.26	1.52
(4)	生产坝	座	5	25484	12.74	2.09
(5)	坡改梯	万 hm^2	12000	13.97	16.76	2.75
(6)	水窖	万眼	5000	6.6888	3.34	0.55
(7)	农田旱作节水设施	万 hm^2	7500	20.63	15.47	2.53
(8)	沟滩地建设	万座	75000	5.10	38.25	6.25
(9)	堤防工程	km	100	1700	17.00	2.78
(10)	水源及节水配套工程	处	20	32867	65.73	10.77
4	农村能源建设				40.26	6.59
(1)	太阳能	万台	2500	112.37	28.09	4.60
(2)	沼气池	万口	1000	103.88	10.39	1.70
(3)	节柴灶	万口	225	79.262	1.78	0.29
二	独立费用	11%			57.63	9.44
1	建设管理费	2.50%			13.10	2.15
(1)	项目经常费	2.00%			10.48	1.72
(2)	技术支持培训费	0.50%			2.62	0.43
2	工程建设监理费	0.50%			2.62	0.43
3	科研勘测设计费	4%			20.96	3.43
4	监测费	2%			10.48	1.72
5	工程质量监督费	2%			10.48	1.72
一、二部分合计					581.50	95.24
静态总投资					581.50	95.24
基本预备费		5%			29.08	4.76
总投资					610.58	100

6.1.2.3　近期示范工程投资规模

近期示范工程总投资为77.45亿元（表6－4），其中：治理措施总投资66.45亿元，占总投资85.80%；建设管理费1.66亿元，占总投资2.15%；工程建设监理费0.33亿元，占总投资0.43%；科研勘测设计费2.66亿元，占总投资3.43%，监测费1.33亿元，占总投资1.72%，工程质量监督费1.33亿元，占总投资1.72%，技术支持培训费0.33亿元，占总投资0.43%，基本预备费3.69亿元，占总投资4.76%。

表6－4　山西省黄土高原地区综合治理近期示范工程投资估算及所占比例

序　号	措　施	单　位	单价（万元）	数　量	合计（亿元）	占总投资（%）
一	治理措施总投资				66.45	85.80
1	植被保护和建设				21.74	28.08
（1）	封山育林	万 hm^2	1800	13.43	2.42	3.12
（2）	人工造林	万 hm^2	7500	25.77	19.33	24.95
2	畜牧业建设				14.98	19.34
（1）	人工种草	万 hm^2	3000	8.1	2.43	3.14
（2）	改良草地	万 hm^2	1500	9.79	1.47	1.90
（3）	棚圈建设	万 m^2	500	196.95	9.85	12.71
（4）	青贮窖	万 m^3	100	122.95	1.23	1.59
3	农田水利建设				29.73	38.39
（1）	骨干坝	座	200	584	11.68	15.08
（2）	中型坝	座	80	619	4.95	6.39
（3）	小型坝	座	20	1857	3.71	4.80
（4）	坡改梯	万 hm^2	12000	5.87	7.04	9.09
（5）	水窖	万眼	5000	1.488	0.74	0.96
（6）	农田旱作节水设施	万 hm^2	7500	2.13	1.60	2.06
二	独立费用	11%			7.31	9.44
1	建设管理费	2.5%			1.66	2.15
（1）	项目经常费	2.0%			1.33	1.72
（2）	技术支持培训费	0.5%			0.33	0.43
2	工程建设监理费	0.5%			0.33	0.43
3	科研勘测设计费	4%			2.66	3.43

（续）

序 号	措 施	单 位	单价（万元）	数 量	合计（亿元）	占总投资（%）
4	监测费	2%			1.33	1.72
5	工程质量监督费	2%			1.33	1.72
一、二部分合计					73.76	95.24
静态总投资					73.76	95.24
基本预备费		5%			3.69	4.76
总投资					77.45	100

6.1.3 资金筹措方案

申请国家对重要公益性或准公益性生态建设项目，以及重要基础水利设施建设项目在资金上给以全额或部分补助。山西省将积极组织省、县两级政府和项目预期受益者筹集、兑现相关配套资金。对全部由山西省投入的项目，地方政府负责使资金按期到位。

6.2 效益分析与评价

6.2.1 方法和依据

通过采用综合技术措施进行治理，将产生巨大的生态效益、经济效益和社会效益。可以采用定量计算和定性分析相结合的方法对综合治理效益进行分析。依据以往的效益监测、分析和研究结果，即可对综合治理效益进行测算与评价。

淤地坝建设旨在拦沙蓄水淤地，有效利用和保护水土资源，建设稳产高产基本农田，巩固退耕还林成果，实现“林草上山，米粮下川”。为黄土高原地区农业增产、农民增收、农村经济发展创造条件(陈伯让，2003)。

淤地坝系建设是黄土高原丘陵沟壑区和高塬沟壑区水土保持的最有效措施之一(Xu 等，2004)。研究表明，黄土高原丘陵沟壑区淤地坝的淤地拦沙效益与淤地坝的规格、流域的侵蚀产沙特征有着密切的关系。淤地坝的平均淤积库容在0.9万~2.4万 m^3 之间，平均淤地面积在0.14~0.45 hm^2 之间，与坝高、坝控面积、侵蚀产沙模数和泥沙粒径成正比；拦沙指标变化在500万~760万 t/km^2 之间，与坝高成正比，与泥沙颗粒大小成反比；拦沙效益在23.3%~52.9%之间，与坝高成正比，与坝控面积、粗泥沙输沙模数呈反比关系(焦菊英等，2003)。

据调查，大型淤地坝每淤 1hm² 坝地平均可拦泥 120000t，中型淤地坝平均拦泥 90000t，小型淤地坝平均拦泥 45000t。榆林沟流域 36 年的实践表明，坝系总减沙 2090.6 万 m^3，减水 2357.8 万 m^3，减沙减水效益分别为 60.1% 和 50.8%。在坝系形成初期，减水减沙效益分别为 33% 和 35.2%；坝系扩建发展阶段，减水减沙效益分别提高到 54% 和 64.9%；在坝系调整巩固的稳定阶段，减水减沙效益亦相对稳定，分别为 54.2% 和 69.2%。据治理较好的典型坝系流域——米脂县四合沟、离石王家沟、延安碾庄沟、绥德王茂沟的调查结果，水土保持措施总减沙效益为 88.4%，其中淤地坝拦泥占 63.1%，林草、梯田等其他措施占 36.9%（姜峻等，2008）。

在黄土高原，植被和耕作方式的改变对水土保持具有重要影响。植被破坏是引起土壤退化和生态环境恶化的关键因素之一（Zheng，2006）。在 1959 年至 1985 年间，由于垦荒导致地表植被、土体结构破坏，使晋西北增沙量呈上升趋势，20 世纪 80 年代年均增沙量达 95.64 万 t（刘勇等，2000）。

通过植被建设可以减少地表径流量。在黄土丘陵沟壑区的泉家沟流域，由于采取水土保持措施，1996～2000 年的径流模数较 1980～1985 年年均减少 36.1%（杨开宝等，2008）。植被盖度增大，土壤侵蚀量和养分损失量均减小。从 1992 年至 1998 年，因陡坡退耕还林，植被覆盖增加，供试流域的土壤总氮损失量减少了 15.8%（Zhang 等，2003）。

保护性耕作是减少水土流失、改善生态环境、增加土壤蓄水能力，提高降水利用率、增加土壤有机质的有效途径（袁建国等，2004）。与少耕、底土耕作 + 秸秆覆盖相比，免耕 + 覆盖对保持水土最为有利（Jin 等，2007）。与少耕和传统耕作相比，免耕 + 秸秆覆盖与底土耕作 + 秸秆覆盖这两种耕作方式对增加土壤储水，提高小麦产量和水分利用效率最有利（Su 等，2007）。从长远看，免耕 + 秸秆（覆盖）可以改善表土的物理性质（Zhang 等，2008）。在风蚀区，与传统耕作法相比，免耕可以将因风蚀引起的土壤侵蚀减少 79%（Wang 等，2006）。

在黄土高原半干旱区，灌溉或者秸秆覆盖与灌溉适当配合均有可能使作物高产（Huang 等，2005）。

对流域综合治理效益的分析表明，与 1969 年以前相比，1970～1996 年晋西北年降雨量减少 8.1%，相应的年均洪水径流量减少 28293 万 m^3，其中流域综合治理影响占 49.6%，降雨影响占 50.4%；年均输沙量减少 9945 万 t，其中流域综合治理影响占 56.6%（安润莲，1999）。研究进一步表明，晋西北综合治理减沙量的影响，在 20 世纪 70 年代、80 年代和 90 年代，其影响分别占总减沙量的 63%、27.0% 和 87.5%（王存荣等，2003）。说明水沙减少固然与降雨特性和产流方式等因素有关，水土保持措施在减洪减沙方面的确发挥了巨大作用。

森林除了可以为人类提供木材与林产品，还具有重要生态功能。不仅具有防风、固沙、调节大气与土壤温度、涵养水源等功能，同时可以增加二氧化碳吸储量。根据山西省森林资源连续清查第 3 次（1995 年）和第 5 次（2005 年）复查成果，1995 ~ 2005 年，全省森林总面积增加了 23.77 万 hm^2，提高了 16.16%。据初步估算，其碳储量增加了 991.39 万 Mg，提高了 28.2%（俞艳霞等，2008）。

最近研究证明，土地利用方式会对土地碳储产生影响。作物地变为草地之后，表土（0 ~ 10cm）碳储量增加（Li 等，2008）。

对晋北水土保持林防风蚀效益的定量分析表明，人工林可减小风速 51.1%，其表土吹蚀量为农地的 1/10，粉尘量为农地的 1/35（李建华等，1991）。

在《三北防护林体系建设四期工程规划》中所采用的效益测算指标为：森林抑制风沙量平均为 14.2t/hm^2，固沙面积为 0.5hm^2/hm^2，森林抑制风沙效益为 200 元/（hm^2·a）。森林平均固土量为 30t/（hm^2·a），保肥量为 2.5t/（hm^2·a），折合人民币 1459 元/（hm^2·a）。500m × 500m 的林网内，全网平均增产可达 19.8%。每公顷林地比无林地多涵养 300t 水，水保林每公顷涵养水源的价值为 48 元。

6.2.2　分析与评价

前述数据显示，各种治理措施的效益及其综合效益因具体情形而异。在此仅采用上述某些指标对生态效益和经济效益进行定量测算。同时对综合治理的社会效益和总体效益进行扼要分析。

6.2.2.1　生态效益

（1）拦沙淤地效益

若骨干坝，中、小型坝的拦沙量分别以 2.4 万 m^3、1.65 万 m^3 和 0.9 万 m^3 测算，其平均淤地面积分别按 0.45hm^2、0.295hm^2 和 0.14hm^2 测算，随着淤地坝工程实施，累计可拦泥沙 2 亿 t，淤地 5586hm^2。

（2）水土保持、水源涵养和防风固沙效益

规划营造水土保持林 72 万 hm^2，水源涵养林 47 万 hm^2，防风固沙林 16

万 hm^2。根据《三北防护林体系建设四期工程规划》使用的测算指标，规划任务完成后，水土保持林每年可减少土壤流失量 2160 万 t，年保肥量 180 万 t。水源涵养林每年可净增涵养水量 1.4 亿 t。防风固沙林可净增治沙面积 8 万 hm^2，抑制风沙总量 227.2 万 t。

(3)缓解大气二氧化碳浓度升高效益

按照我们的最新研究结果进行推算，封山育林和人工营林目标实现后，至少可增加森林碳储量 1 亿 t 以上，对缓解大气二氧化碳浓度升高具有一定作用。

(4)综合蓄水减沙保肥效益

规划治理水土流失面积 488 万 hm^2，工程实施之后，每年可增加蓄水能力 18.5 亿 m^3，减少入黄泥沙约 1.0 亿 t。可使表土有机质、N、P、K 的流失量分别减少 18041 万 t、400.8 万 t、1203.6 万 t、16041.6 万 t。

6.2.2.2 经济效益

各项治理措施全部发挥效益后，全省粮食生产能力将稳定在年产 95 亿 kg 以上。年均增产粮食 5 亿 kg；年均增产干果 5 亿 kg、薪材 45 亿 kg、饲草 350 亿 kg。年农林牧副渔总产值增加 100 亿元以上，年农民人均纯收入增加 2000 元以上。

6.2.2.3 社会效益

(1)维护毗邻区域生态安全

输入黄河泥沙量的减少，可为下游治理和经济发展以及人民群众的生产和生活创造良好的生态环境条件，为根治黄河水患和维护国土生态安全奠定坚实基础。沙化土地的进一步治理可从根本上缓解风沙对京津等地的危害。

(2)加快脱贫致富步伐，促进区域经济发展

伴随着严重水土流失地区生态环境和生产条件的改善，将增强农业可持续发展能力，推动社会主义新农村建设和农村全面小康社会建设。

(3)促进旅游业发展

随着森林面积增加和自然景观丰富度提高，可以促进地区森林和观光旅游业发展，对调整地区产业结构和振兴地方经济产生推动作用。

(4)促进科技成果的转化和适用技术的推广

通过扶持示范户、示范县，开展实用技术培训，推广旱作节水技术等一系列先进实用技术，将促进“科技兴农”和“科技兴晋”战略的实施。

6.2.2.4　效益综合评价

通过对综合治理的生态效益、经济效益和社会效益的分析可以看出，工程实施后，将新增森林面积 201 万 hm^2，提高森林覆盖率约 12%；新增草地面积 78 万 hm^2，提高草地覆盖率 5%；使人为水土流失得到有效控制，自然水土流失危害有所缓解，土地沙化得到有效遏制；全省生态系统整体功能明显改善；农业综合生产能力显著提高，农业结构进一步优化，农民就业与持续增收得到有效保障。初步实现“山川秀美”目标；初步形成人口、经济、社会、环境和资源相互协调的发展格局。

第7章

加快综合治理的对策建议

7.1 编制切实可行的县域综合治理规划

黄土高原综合治理是一项极其艰巨、复杂的系统工程。为了有序、高效地实施这一工程，必须有一个切实可行的规划。全省各县(市、区)作为生态建设的基本实施单位，要在《黄土高原地区综合治理规划大纲》和全省大、中尺度综合治理规划指导下，制定出各有侧重，各具特色和切合实际的实施规划。把生态治理与农民生计、农业及农村经济发展紧密结合。坚持山、水、田、林、路综合治理的原则，宜农则农，宜林则林，宜果则果，宜牧则牧，宜渔则渔，调整好土地利用结构和产业结构，形成合理的开发布局。规划指标要切实可行，治理措施要落实到乡村、项目、工程和地块，使其具有可操作性，用科学规划指导治理与开发。

7.2 以县为重点，整合投资，协调推进

随着国家经济实力的逐渐增强，用于生态建设和基础设施建设的投资将会不断增加。各项有关工程建设项目将会覆盖山西全省或部分市、县。要按照渠道不变、集中力量、加强协调、相互配合的原则逐步整合这些投资，做好各项工程在时间和空间上的合理布局，发挥整体效益。县级政府作为各项工程实施的基层单位，要在制定切实可行的县域综合治理规划的基础上，在各项工程建设原则内统筹安排好工程实施工作。

7.3 以点带面，先行试点

根据在保障生态安全或粮食安全方面的重要性等原则，在3个综合治理区内各选择部分县(市、区)开展黄土高原综合治理试点工作，统筹各方资金，系统集成现有的各项成熟技术和治理路线、治理措施，充分发挥各项治理措施间相互配套的综合效益，力求探索出若干适合山西的综合治理模式，为全面推进综合治理创造条件。

7.4 建立和健全综合管理决策机构

提高综合治理有效性，在管理层面上，应当建立一个打破部门行业和区域本位主义的决策机构。建议成立省、市、县协调领导组或委员会，以负责综合治理规划的制定、实施和监督，并协调同级各个部门和下级部门之间的关系。领导组或委员会委员的人员组成应从规划科学性和实施规划可操作性上考虑，由专家、行政首长和行业(部门)管理专家组成。委员会实行功能三权分流机制，即专家制定规划和监督；行政首长负责规划下达及督导；管理专家负责规划的实施。

7.5 建立、健全科技支持系统

建议成立有关省级专家组，以充分发挥科研和高校等单位的作用。从治理开发经费中拨出一定比例，设立科研基金。组织科研和高校等单位，进行治理工程关键技术和配置模式，治理效益评价理论和评价方法等方面的研究。以全国第二次土地普查为契机，尽快摸清全省土地利用类型、数量、分布和现状，建立土地利用数据信息库。积极开展工矿区水土流失防治研究。对现有的、行之有效的实用技术，要组装配套，大力推广。以科学技术引领治理开发，进一步提高科技成果的转化率。加快新技术引进推广，强化科技培训，为区域综合治理提供强有力的科技支撑。

7.6 建立和完善长效生态补偿机制

生态补偿是推进生态环境建设的一项重要措施。应当从山西省土地退化治理面积大、治理任务重的现状出发，按照“统筹协调、循序渐进”的原则，建立和完善山西省生态补偿机制。

山西作为国家煤炭大省和重要能源基地，应当首先完善煤炭开采生态补偿机制。长期以来，山西省煤炭工业发展给山西造成了严重的、触目惊心的环境污染和生态破坏，煤炭工业引起的环境问题已经成为制约山西可持续发展的重大障碍。为了促进煤炭工业以及地区经济社会可持续发展，2007 年山西省人民政府已公布实施了《山西省煤炭可持续发展基金征收管理办法》(省人民政府第 203 号令)。为了建立煤炭生产企业环境保护、地质灾害防治、生态恢复投入机制，促进煤炭生产企业的可持续发展，2007 年山西省人民政府同时颁布了《山西省矿山环境恢复治理保证金提取使用管理办法(试行)》。应当及时总结经验，逐步完善有关管理办法，进一步规范征收、缴纳和提取行为，充分发挥基金和保证金的作用。

7.7 采用新的地区经济社会发展指标体系

按照《山西省国民经济和社会发展十一五规划纲要》的要求，建立新的地区经济社会发展指标体系，以指导和推动全省经济社会发展，考核、评价各市、县的发展水平和工作业绩。新的指标体系力求充分体现科学发展观和构建社会主义和谐社会的基本要求，符合山西经济社会发展实际，具有较强的导向性和可操作性。

7.8 调整和完善有关鼓励引导和约束政策

政策的调整、完善和实施应当体现：①优先扶持生态友好产业和项目，促进替代产业发展；②有利于调整农业投资取向，促进旱作技术推广。

将是否对生态环境有利作为衡量产业开发与项目实施的主要标准之一。优先扶持生态友好型替代产业。整体规划，重点扶持，促进生态友好型产业链的形成、发展与壮大。将投资政策向旱作农业、旱作林业、旱作草业以及节水农业的基础研究、应用研究与技术推广方面倾斜。

参考文献

安润莲. 黄河中游晋西北地区水沙变化及流域综合治理效益分析. 中国水土保持，1999，(2)：27 - 28
陈伯让. 关于黄土高原地区淤地坝规划主要问题的说明. 中国水利，2003，(9)：16 - 18
陈伯让. 黄土高原水土保持综合治理的实践. 中国水土保持，2005，(12)：3 - 4
褚清河，武晓梅. 山西省自然生态区划分与适种作物的分析. 中国农业气象，1991，12(2)：32 - 35
崔本义. 山西省林业区划体系研究. 山西林业科技，2008，(1)：14 - 16
党维勤. 黄土高原小流域可持续综合治理探讨. 中国水土保持科学，2007，5(4)：85 - 89
窦永哲. 山西省气候的主成分分析与区划. 山西气象，1990，(1)：29 - 36
范堆相. 快速推进山西省小流域治理开发和生态环境建设. 中国水土保持，2000，(11)：1 - 3
范堆相. 山西省水资源评价. 北京：中国水利水电出版社，2005
封志明，潘明麒，张晶. 中国国土综合整治区划研究. 自然资源学报，2006，21(1)：45 - 54
傅伯杰，刘国华，陈利顶，马克明，李俊杰. 中国生态区划方案. 生态学报，2001，21(1)：1 - 6
韩锦涛，韩黄英，李素清. 山西省生态地理区划. 中国农业资源与区划，2008，29(1)：17 - 21
韩锦涛，李素清. 山西省农业气候资源的综合开发与区划. 中国农学通报，2006，22(12)：267 - 272
侯学煜. 中国自然生态区划与大农业发展战略. 北京：科学出版社，1988，56 - 58
黄秉维. 中国综合自然区划草案. 科学通报，1959，18：594 - 602
黄秉维. 中国综合自然区划纲要. 地理集刊，1989，21：10 - 20
姜峻，都全胜. 陕北淤地坝发展特点及其效益分析. 中国农学通报，2008，24(1)：503 - 509
焦菊英，王万忠，李靖，郑宝明. 黄土高原丘陵沟壑区淤地坝的淤地拦沙效益分析. 农业工程学报，2003，19(6)：302 - 306
李建华，石明，苗敬达，李福，卫元太. 晋西北丘陵缓坡风沙区风力侵蚀的研究. 山西水土保持科技，1991，(1)：15 - 20
李新平，朱兆金. 山西省林业生态建设工程构建技术. 北京：中国林业出版社，2005
梁守伦. 关于山西生态林业区划的探讨. 山西林业科技，2002，(4)：29 - 33
林超，冯绳武，郑伯仁. 中国自然区划大纲(摘要). 地理学报，1954，20(4)：395 - 418
刘东生等. 黄土与环境. 北京：科学出版社，1985
刘国彬，李敏，上官周平，穆兴民，谢永生，李占斌等. 西北黄土区水土流失现状与综合治理对策. 中国水土保持科学，2008，6(1)：16 - 21
刘兴昌，杨海娟，尹怀庭. 黄土高原综合治理绩效评估与生态重建构想. 水土保持通报，2001，21(6)：1 - 6
刘耀宗，张经元. 山西土壤. 北京：科学出版社，1992
刘勇，冉大川. 晋西北地区开荒增洪增沙分析. 中国水土保持，2000，(4)：19 - 21
罗开富. 中国自然地理分区草案. 地理学报，1954，20(4)：379 - 394
马乃喜. 黄土高原的界限问题. 见：陈明荣，李志武，陈宗兴. 黄土高原地理研究. 西安：陕西人民出版社，1987，1 - 8
马晓勇，上官铁梁，张峰. 山西恒山温带草原与暖温带落叶阔叶林交错区植被生态研究. 生态学报，2006a，26(10)：3372 - 3379

马晓勇，上官铁梁，张峰．温带草原与暖温带落叶阔叶林交错区植被建群种生态位研究——以山西恒山南北坡植被为例．植物研究，2006b，26(5)：610－617
马子清．山西植被．北京：中国科学技术出版社，2001
米湘成，张金屯．山西高原植物与气候的关系分析及植被数量区划的研究．植物生态学报，1996，20(6)：549－560
秦作栋，董光荣．晋西北地区土地荒漠化综合整治区划．中国沙漠，1996，16(2)：132－139
任美锷，包浩生．中国自然区域及开发整治．北京：科学出版社，1992
任美锷，杨纫章，包浩生．中国自然区划纲要．北京：商务印书馆，1979
任美锷，杨纫章．中国自然区划问题．地理学报，1961，27：66－74
山仑，张岁岐．能否实现大量节约灌溉用水？——我国节水农业现状与展望．自然杂志，2006，28(2)：71－74
山仑．发展半旱地农业　充分缓解我国北方缺水压力．中国减灾，2006，(11)：42－42
山西省气象档案馆．山西省农业气候资源图集．北京：气象出版社，1990
山西省统计局，国家统计局山西调查总队．山西统计年鉴——2008．北京：中国统计出版社，2008
申元村，洪清华．黄土高原土壤侵蚀有效防治战略．中国水土保持科学，2003a，1(2)：22－27
申元村，杨勤业，景可，许炯心．加快黄土高原水土流失防治与生态环境建设的战略思考与建议．科技导报(北京)，2003b，(4)：55－59
孙建轩，张明．在山西省黄土高原地区建立水土保持型生态农业的设想．人民黄河，1998，20(4)：18－20
王存荣，冉大川，刘斌，罗全华，张志萍．降水偏小对河龙区间晋西北片各支流综合治理减沙量的影响分析．水土保持通报，2003，23(5)：6－10
王金南，万军，沈渭寿，李勇，徐世柱，贾彩霞．山西省煤炭资源开发生态补偿机制研究．见：庄国泰，王金南．生态补偿机制与政策设计国际研讨会论文集．北京：中国环境科学出版社，2006，242－251
王礼先．对加速黄土高原水土流失治理的几点认识．中国水土保持，1999，11：9－11
席承藩，丘宝剑，张俊民等．中国自然区划概要．北京：科学出版社，1984，67－76
谢爱红，王士猛，卫华，董艳．利用SPSS进行山西省气候区划．山西师范大学学报：自然科学版，2004，18(3)：108－110
杨勤业，景可，申元村．黄土黄原生态环境建设与减灾．中国减灾，2001，11(1)：19－22
杨文治，余存祖．黄土高原区域治理与评价．北京：科学出版社，1992
俞艳霞，张建军，王孟本．山西省森林植被碳储量及其动态变化研究．林业资源管理，2008，(6)：35－36
袁建国，李变梅，万俊梅，任亮仙．晋西北干旱地区保护性耕作的研究．山西农业大学学报：自然科学版，2004，24(4)：347－350
张峰，上官铁梁．模糊图论在山西植被区划中的应用．植物生态学与地植物学学报，1991，15(1)：94－100
张天曾．黄土高原论纲．北京：中国环境科学出版社，1993
张雅文，陈俊梁．山西省农业气候模糊区划．山西农业大学学报：自然科学版，1994，14(4)：373－375
张正斌，山仑．黄土高原整治和农业建设的若干问题探讨．科技导报(北京)，1999，(9)：56－58
赵松乔．中国综合自然区划的一个新方案．地理学报，1983，38(1)：1－10
郑达贤，陈加兵．以流域为基本单元的中国自然区划新方案．亚热带资源与环境学报，2007，2(3)：

10 - 15

郑度，葛全胜，张雪芹，何凡能，吴绍洪，杨勤业．中国区划工作的回顾与展望．地理研究，2005，24(3)：330 - 344

中国科学院黄土高原综合科学考察队．黄土高原地区资源环境社会经济数据集．北京：中国经济出版社，1992

朱显谟．重建土壤水库是黄土高原治本之道．中国科学院院刊，2006，21(4)：320 - 324

Chen LD, Wei W, Fu BJ, Lu YH. Soil and water conservation on the Loess Plateau in China: review and perspective. Progress in Physical Geography, 2007, 31(4): 389 - 403

He XB, Tang KL, Zhang XB. Soil erosion dynamics on the Chiness Loess Plateau in the last 10,000 years. Mountain Research and Development, 2004, 24(4): 342 - 347

Huang YL, Chen LD, Fu BJ, Huang ZL, Gong J. The wheat yields and water - use efficiency in the Loess Plateau: straw mulch and irrigation effects. Agricultural Water Management, 2005, 72: 209 - 222

Jin K, Cornelis WM, Gabriels D, Schiettecatte W, Neve SD, Lu JJ, *et al.* Soil management effects on runoff and soil loss from field rainfall simulation. Soil & Tillage Research, 2007, 96: 131 - 144

Li XD, Fu H, Li XD, Guo D, Dong XY, Wan CG. Effects of land - use regimes on carbon sequestration in the Loess Plateau, northern China. New Zealand Journal of Agricultural Research, 2008, 51(1): 45 - 52

Su ZY, Zhang JS, Wu Wenliang, Cai DX, Lü JJ, Jiang GH, *et al.* Effects of conservation tillage practices on winter wheat water - use efficiency and crop yield on the Loess Plateau, China. Agricultural Water Management, 2007, 87: 307 - 314

Wang XB, Oenema O, Hoogmoed WB, Perdok UD, Cai DX. Dust storm erosion and its impact on soil carbon and nitrogen losses in northern China. Catena, 2006, 66: 221 - 227

Xu XZ, Zhang HW, Zhang OY. Development of check - dam systems in gullies on the Loess Plateau, China. Enviromnental Science & Policy, 2004, 7(2): 79 - 86

Zhang GS, Chan KY, Li GD, Huang GB. Effect of straw and plastic film management under contrasting tillage practices on the physical properties of an erodible loess soil. Soil & Tillage Research, 2008, 98: 113 - 119

Zhang XC, Shao MA. Effects of vegetation coverage and management practice on soil nitrogen loss by erosion in a hilly region of the Loess Plateau in China. Acta Ecologica Sinica. 2003, 45(10): 1195 - 1203

Zheng FL. Effect of vegetation changes on soil erosion on the Loess Plateau. Pedosphere, 2006, 16(4): 420 - 427

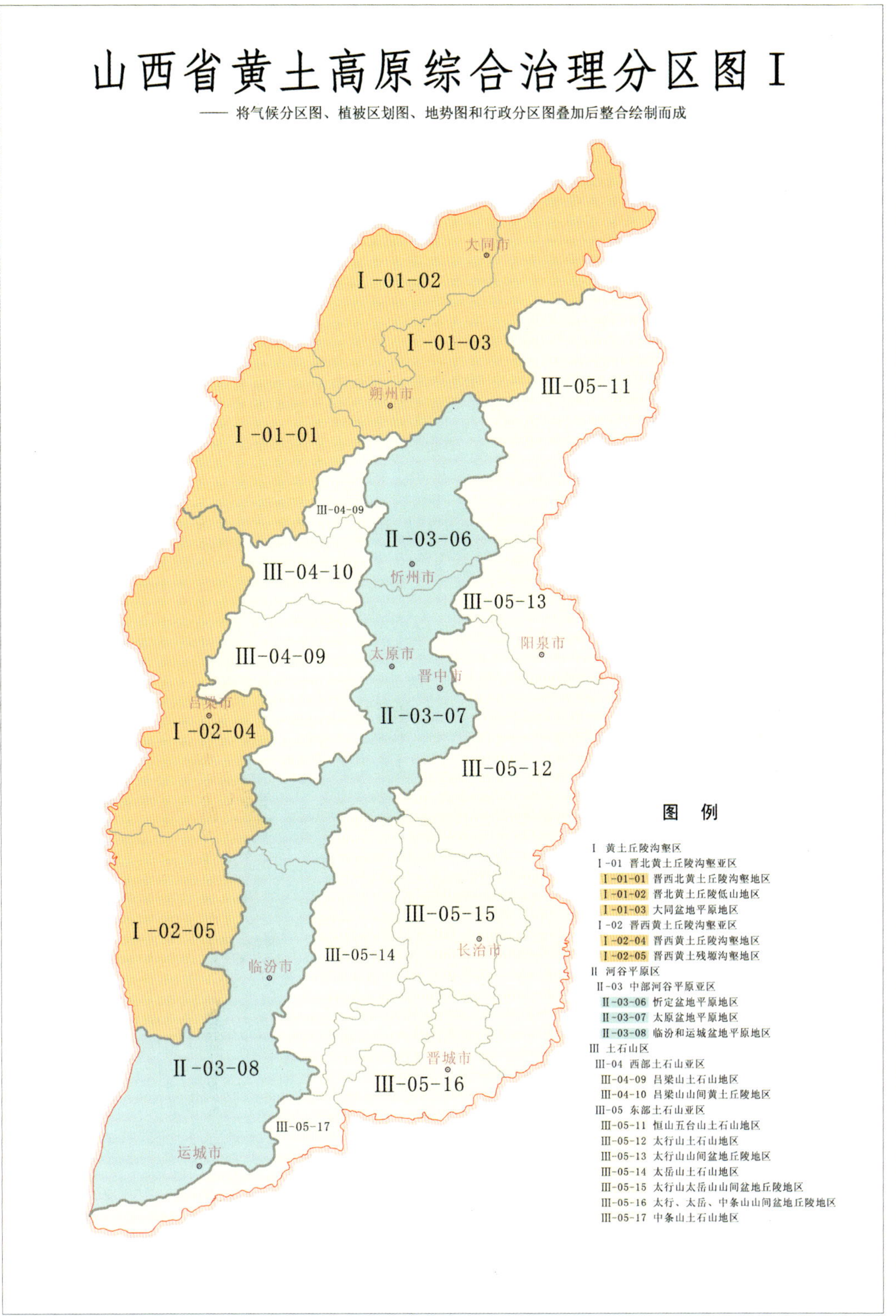
山西省黄土高原综合治理分区图 I
—— 将气候分区图、植被区划图、地势图和行政分区图叠加后整合绘制而成
大同市
I -01-02
I -01-03
朔州市
III-05-11
I -01-01
III-04-09
II-03-06
III-04-10
忻州市
III-05-13
III-04-09
太原市
阳泉市
晋中市
吕梁市
II-03-07
I -02-04
III-05-12
III-05-15
I -02-05
III-05-14
长治市
临汾市
II-03-08
晋城市
III-05-16
III-05-17
运城市
图 例
I 黄土丘陵沟壑区
I -01 晋北黄土丘陵沟壑亚区
I -01-01 晋西北黄土丘陵沟壑地区
I -01-02 晋北黄土丘陵低山地区
I -01-03 大同盆地平原地区
I -02 晋西黄土丘陵沟壑亚区
I -02-04 晋西黄土丘陵沟壑地区
I -02-05 晋西黄土残塬沟壑地区
II 河谷平原区
II-03 中部河谷平原亚区
II-03-06 忻定盆地平原地区
II-03-07 太原盆地平原地区
II-03-08 临汾和运城盆地平原地区
III 土石山区
III-04 西部土石山亚区
III-04-09 吕梁山土石山地区
III-04-10 吕梁山山间黄土丘陵地区
III-05 东部土石山亚区
III-05-11 恒山五台山土石山地区
III-05-12 太行山土石山地区
III-05-13 太行山山间盆地丘陵地区
III-05-14 太岳山土石山地区
III-05-15 太行山太岳山山间盆地丘陵地区
III-05-16 太行、太岳、中条山山间盆地丘陵地区
III-05-17 中条山土石山地区

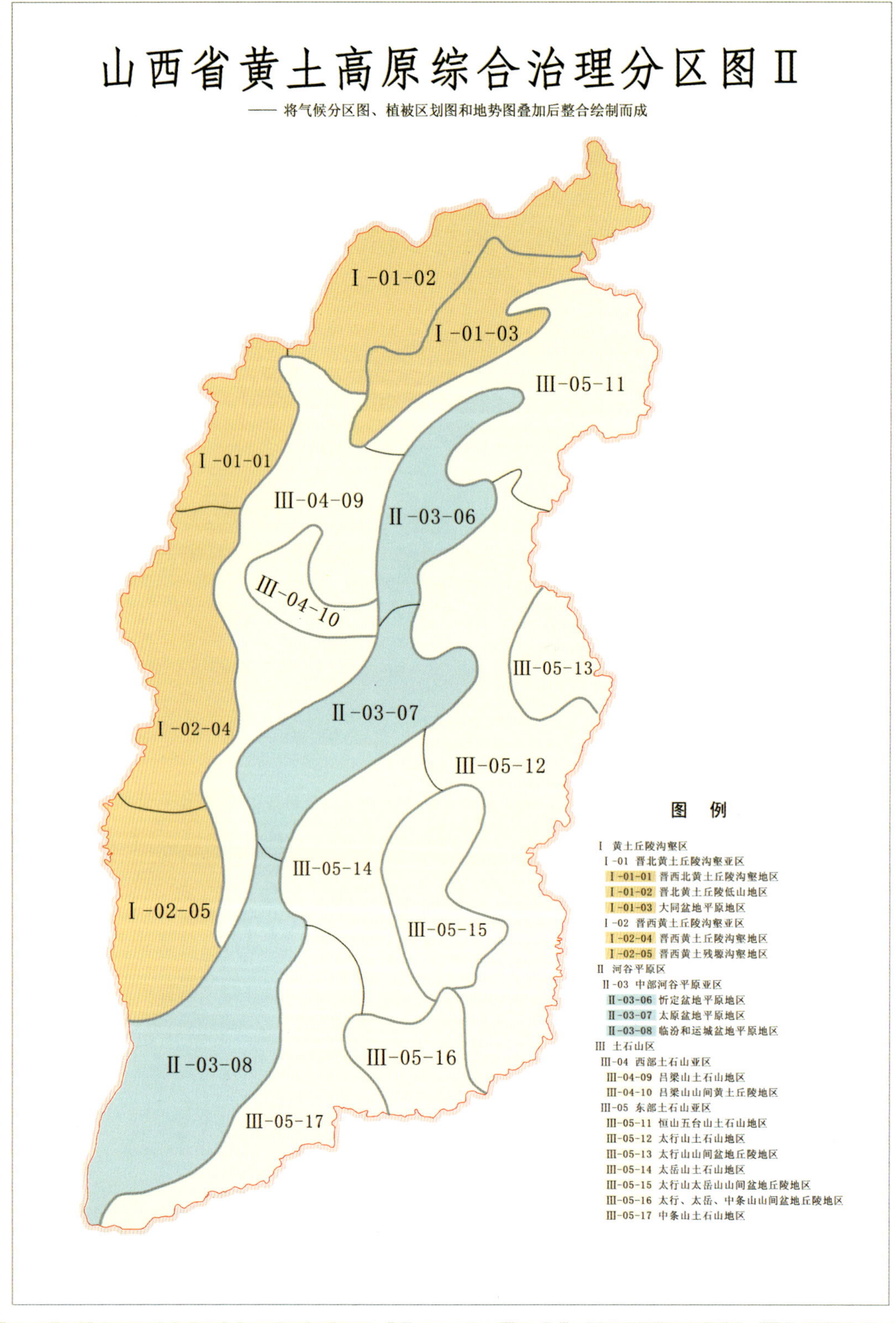
山西省黄土高原综合治理分区图Ⅱ
—— 将气候分区图、植被区划图和地势图叠加后整合绘制而成
Ⅰ-01-02
Ⅰ-01-03
Ⅲ-05-11
Ⅰ-01-01
Ⅲ-04-09
Ⅱ-03-06
Ⅲ-04-10
Ⅲ-05-13
Ⅱ-03-07
Ⅰ-02-04
Ⅲ-05-12
Ⅲ-05-14
Ⅰ-02-05
Ⅲ-05-15
Ⅲ-05-16
Ⅱ-03-08
Ⅲ-05-17
图 例
Ⅰ 黄土丘陵沟壑区
Ⅰ-01 晋北黄土丘陵沟壑亚区
Ⅰ-01-01 晋西北黄土丘陵沟壑地区
Ⅰ-01-02 晋北黄土丘陵低山地区
Ⅰ-01-03 大同盆地平原地区
Ⅰ-02 晋西黄土丘陵沟壑亚区
Ⅰ-02-04 晋西黄土丘陵沟壑地区
Ⅰ-02-05 晋西黄土残塬沟壑地区
Ⅱ 河谷平原区
Ⅱ-03 中部河谷平原亚区
Ⅱ-03-06 忻定盆地平原地区
Ⅱ-03-07 太原盆地平原地区
Ⅱ-03-08 临汾和运城盆地平原地区
Ⅲ 土石山区
Ⅲ-04 西部土石山亚区
Ⅲ-04-09 吕梁山土石山地区
Ⅲ-04-10 吕梁山山间黄土丘陵地区
Ⅲ-05 东部土石山亚区
Ⅲ-05-11 恒山五台山土石山地区
Ⅲ-05-12 太行山土石山地区
Ⅲ-05-13 太行山山间盆地丘陵地区
Ⅲ-05-14 太岳山土石山地区
Ⅲ-05-15 太行山太岳山山间盆地丘陵地区
Ⅲ-05-16 太行、太岳、中条山山间盆地丘陵地区
Ⅲ-05-17 中条山土石山地区

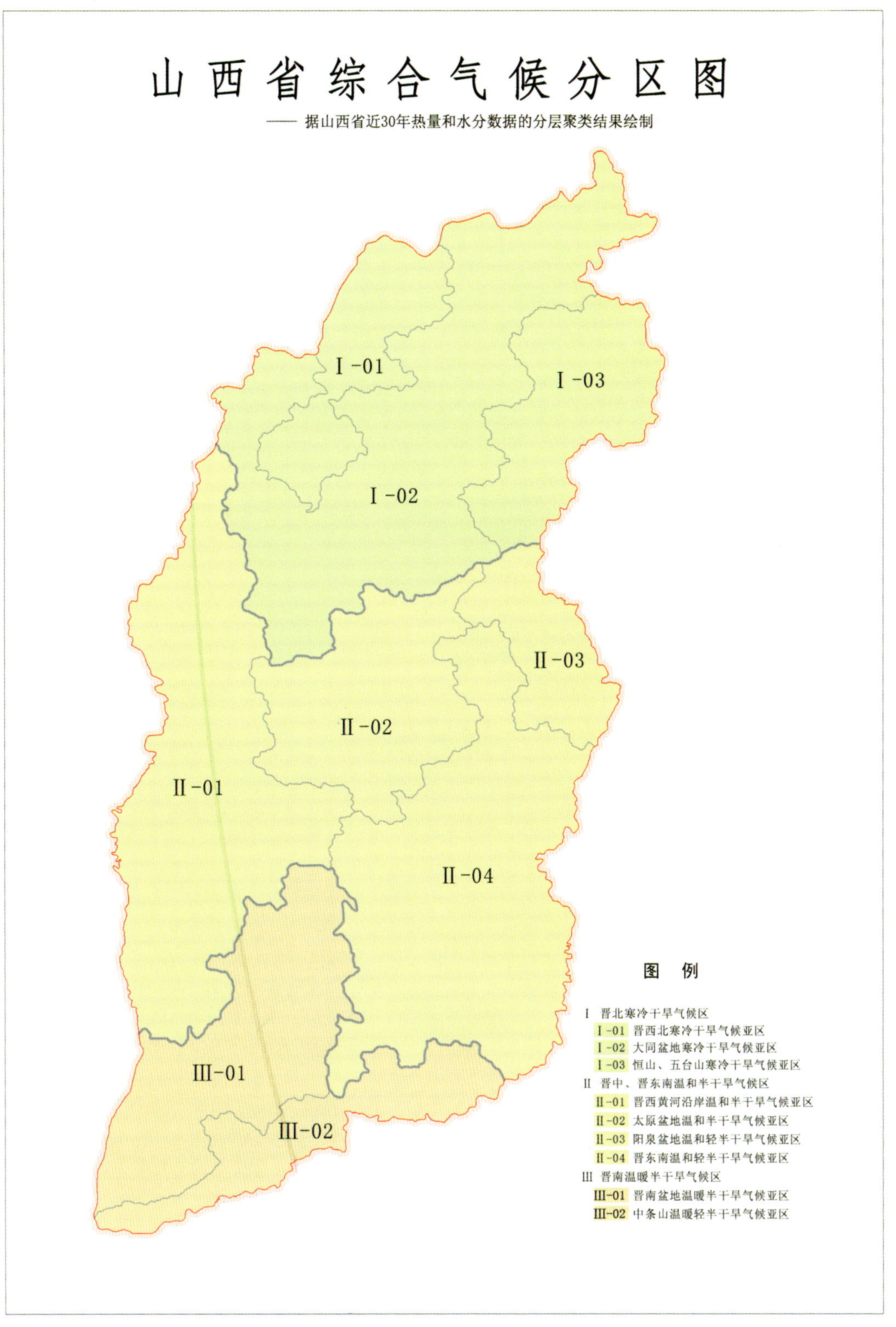

山西省综合气候分区图
—— 据山西省近30年热量和水分数据的分层聚类结果绘制

山西省植被区划图
—— 引自马子清主编(2001)《山西植被》(据该书黑白图绘制)
Ⅰ Aa-2
Ⅰ Aa-1
Ⅰ Bb-1
Ⅱ Aa-1
Ⅰ Ba-1
Ⅱ Aa-2
Ⅱ Aa-6
Ⅱ Aa-4
Ⅱ Aa-7
Ⅱ Aa-3
Ⅱ Ab-1
Ⅱ Aa-8
Ⅱ Aa-5
Ⅱ Ab-2
Ⅱ Aa-9
Ⅱ Aa-10
Ⅱ Ab-4
Ⅱ Ab-6
Ⅱ Ab-3
Ⅱ Ab-5
Ⅱ Ba-3
Ⅱ Ba-2
Ⅱ Ba-1
图 例
Ⅰ温带草原地带
ⅠA 温带南部草原亚地带
Ⅰ Aa 晋北丘陵盆地草原地区
ⅠB 温带森林草原亚地带
Ⅰ Ba 晋西北黄土丘陵灌丛草原地区
Ⅰ Bb 恒山山地白桦林次生森林草原地区
Ⅱ暖温带落叶阔叶林地带
ⅡA 北暖温带落叶阔叶林亚地带
Ⅱ Aa 晋中部山地丘陵、盆地，杆林、油松、辽东栎林地区
Ⅱ Ab 晋东南、晋南西山，油松林、辽东栎林地区
ⅡB 南暖温带落叶阔叶林亚地带
Ⅱ Ba-1 临汾运城盆地，棉麦为主的一年两熟栽培植被区
Ⅱ Ba-2 中条山山地，栓皮栎、辽东栎、华山松、油松林及次生灌丛区
Ⅱ Ba-3 平顺、陵川东部山地，栎类杂木林、油松林及次生灌丛区

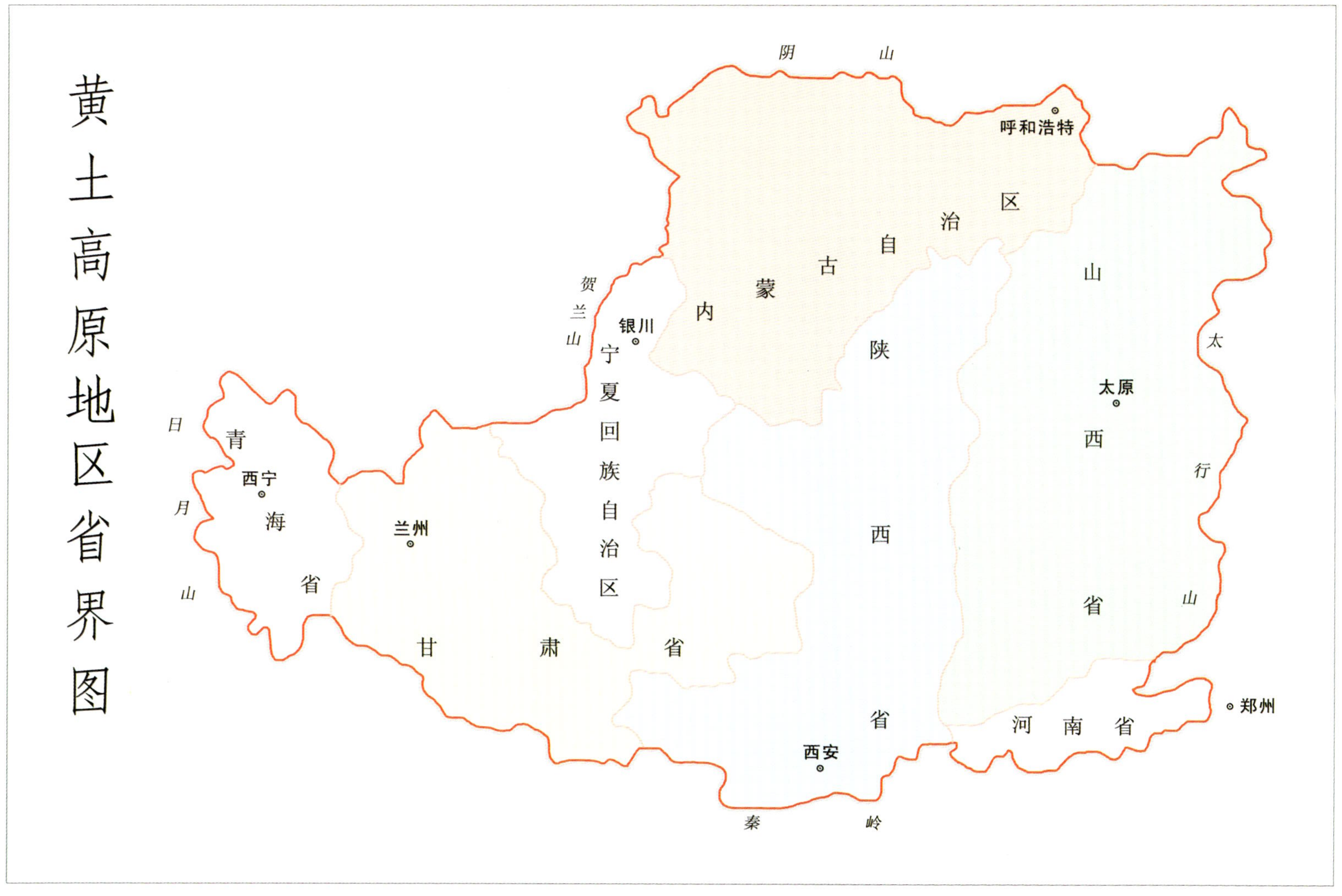
黄土高原地区省界图
阴山
呼和浩特
内蒙古自治区
山西省
太原
太行山
郑州
河南省
贺兰山
银川
宁夏回族自治区
陕西省
西安
秦岭
日月山
青海省
西宁
兰州
甘肃省

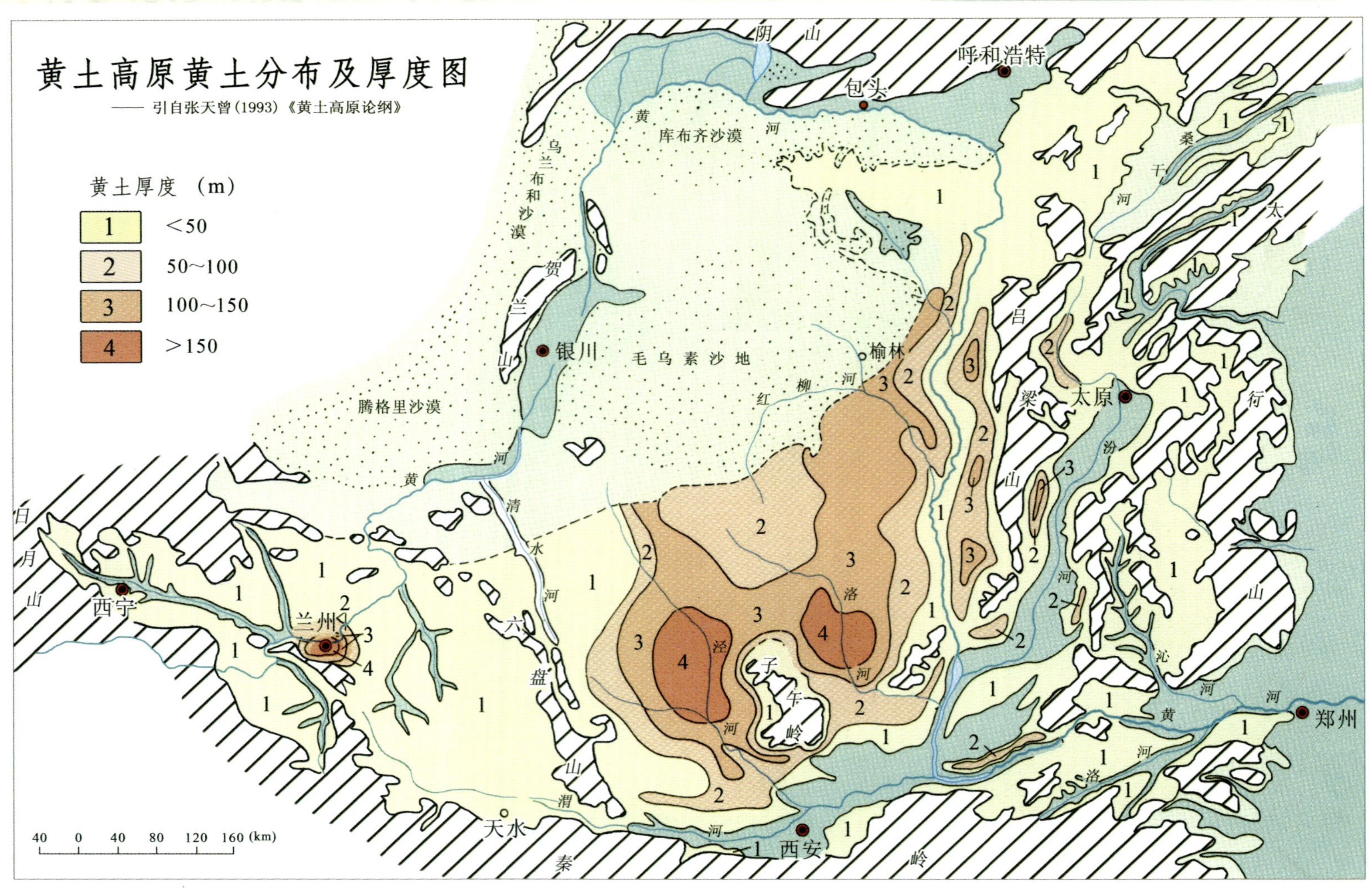
黄土高原黄土分布及厚度图
—— 引自张天曾(1993)《黄土高原论纲》
黄土厚度 (m)
1 <50
2 50~100
3 100~150
4 >150
40 0 40 80 120 160 (km)
阴山
呼和浩特
包头
库布齐沙漠
乌兰布和沙漠
贺兰山
银川
毛乌素沙地
榆林
腾格里沙漠
红柳河
吕梁山
太原
汾河
太行山
桑干河
沁河
黄河
郑州
洛河
泾河
子午岭
西安
秦岭
渭河
天水
六盘山
清水河
兰州
西宁
日月山

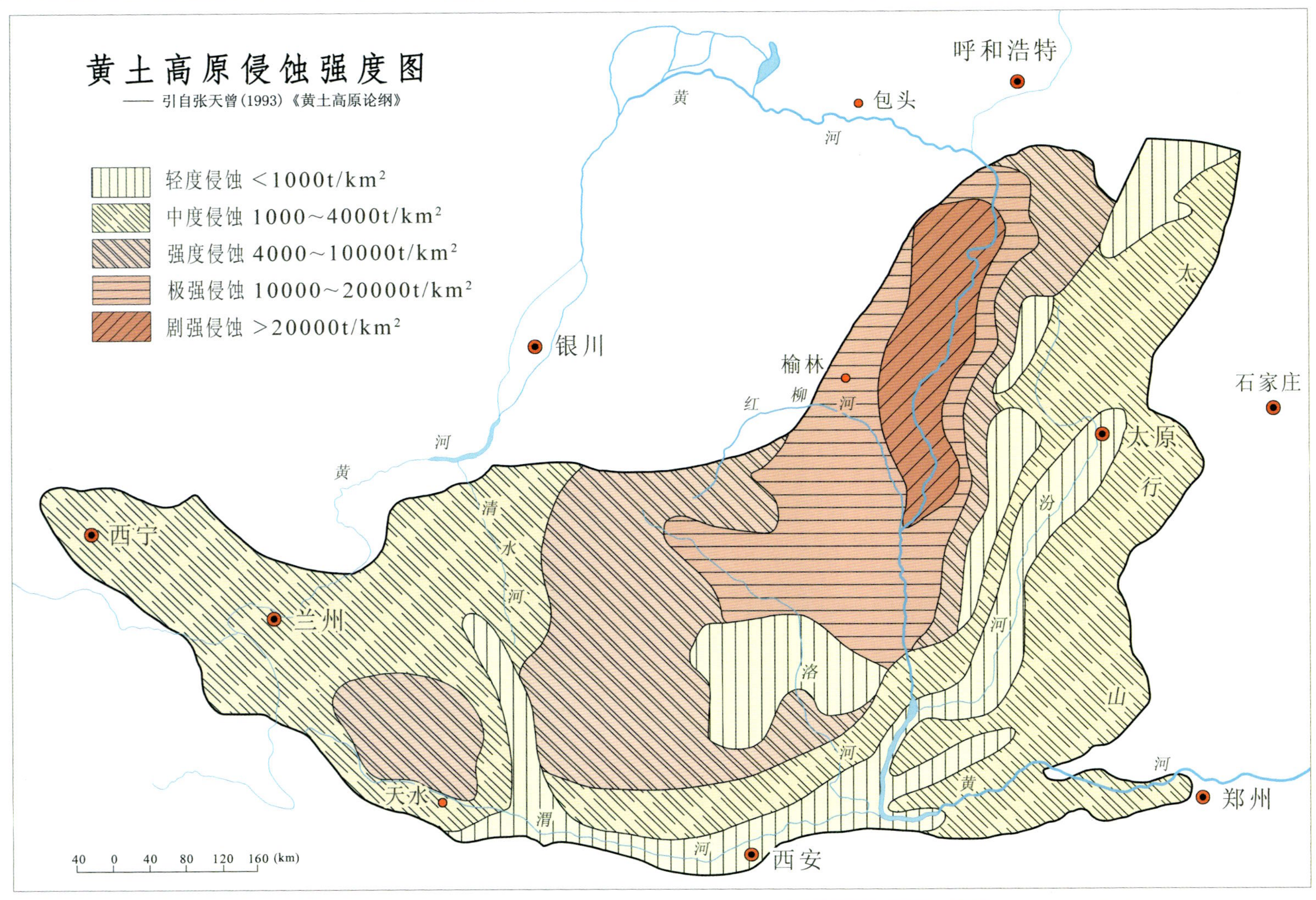
黄土高原侵蚀强度图
——引自张天曾(1993)《黄土高原论纲》
轻度侵蚀 <1000t/km²
中度侵蚀 1000~4000t/km²
强度侵蚀 4000~10000t/km²
极强侵蚀 10000~20000t/km²
剧强侵蚀 >20000t/km²
呼和浩特
包头
黄
河
银川
榆林
红
柳
河
石家庄
太原
太
行
山
汾
河
洛
河
西宁
兰州
清
水
河
天水
渭
河
西安
黄
河
郑州
40 0 40 80 120 160 (km)

同一家园 同一梦想
One Plateau One Dream
太原
郑州
呼和浩特
西安
银川
兰州
西宁